互换性与测量技术实验教程

基础理论与实验指导

张梦雅　主　编
陈　昆　副主编
张庆英　主　审

中国财富出版社有限公司

图书在版编目（CIP）数据

互换性与测量技术实验教程：基础理论与实验指导／张梦雅主编．—北京：中国财富出版社有限公司，2024.5

ISBN 978－7－5047－7222－0

Ⅰ.①互…　Ⅱ.①张…　Ⅲ.①零部件－互换性－高等学校－教材②零部件－测量－技术－高等学校－教材　Ⅳ.①TG801

中国版本图书馆 CIP 数据核字（2020）第 155405 号

策划编辑　郑欣怡　**责任编辑**　刘　斐　陈　嘉　**版权编辑**　李　洋

责任印制　尚立业　**责任校对**　杨小静　**责任发行**　敬　东

出版发行　中国财富出版社有限公司

社　　址　北京市丰台区南四环西路 188 号 5 区 20 楼　**邮政编码**　100070

电　　话　010－52227588 转 2098（发行部）　010－52227588 转 321（总编室）

010－52227566（24 小时读者服务）　010－52227588 转 305（质检部）

网　　址　http://www.cfpress.com.cn　**排　　版**　宝蕾元

经　　销　新华书店　**印　　刷**　宝蕾元仁浩（天津）印刷有限公司

书　　号　ISBN 978－7－5047－7222－0/TG·0001

开　　本　710mm×1000mm　1/16　**版　　次**　2024 年 6 月第 1 版

印　　张　9　**印　　次**　2024 年 6 月第 1 次印刷

字　　数　157 千字　**定　　价**　39.80 元

前　言

在新工科背景下，社会对于应用型工科技术人才的需求不断扩大，为培养未来多元化、创新型卓越工程人才，各高校都更加注重学生知识技能的实践性培养。“互换性与测量技术”是机械工科类专业开设的基础课程，其涉及的内容与机械产品的设计、生产及使用紧密相关，实验是该课程必不可少的教学环节。本书从理论知识入手，逐步延伸到实验，将理论与实践有效地结合起来，易于学生理解；同时，本书在撰写时突出了以学生为中心的教学理念，学生根据实验目标的要求可以自主完成实验内容、实验原理、实验步骤的学习，并通过实验前自测题来了解自己对知识的掌握情况，帮助学生提升理解、应用及分析能力。

本书共分为 8 章，第 1 章为测量技术的基础知识；第 2 章为尺寸精度测量；第 3 章为几何误差测量；第 4 章为表面粗糙度的测量；第 5 章为锥度和角度的测量；第 6 章为圆柱螺纹测量；第 7 章为齿轮测量；第 8 章为坐标测量技术。其中包含了 20 个实验，每个实验基本包含与实验相关的理论知识介绍、实验目的、实验内容、实验设备、实验原理、实验步骤、实验前自测题、实验后思考题和实验报告。同时，还附上了量具、量仪的维护和保养说明。

本书由武汉理工大学张梦雅老师任主编，陈昆老师任副主编，张庆英老师任主审。其他参编老师有武汉理工大学的陈云老师、王一雯老师、戴金山老师。杜梓豪、彭元峡、王聪等同学为本书的资料整理提供了大力帮助，在此表示感谢。

在本书的编写过程中参考和借鉴了很多专业书籍，编者已尽可能全面地列于参考文献中，如有疏漏，敬请谅解，并向各位作者致敬、致谢！

本书可作为机械设计制造与近机械类等工科类专业的本科生和高职高专生的实验指导书，也可作为该领域的实验教学人员、从事机械相关工作的人员及对该领域感兴趣的社会读者的参考用书。

编　者

2023 年 6 月

目 录

1 测量技术的基础知识

导 读

测量技术的基本概念；测量基准和尺寸传递系统；测量器具和测量方法，包括测量器具的分类、测量器具的基本度量指标、测量方法及其分类、常用测量器具。

1.1 测量技术的基本概念

在生产制造和科学实验中，往往需要对物体或现象进行定性或定量的描述。测量技术主要是对工件几何量的测量，而测量是指将被测量与具有测量单位的标准量进行比较，从而确定两者比值的过程。

一个完整的几何量测量过程应包括以下几个方面。

被测对象：指工件的几何量，即尺寸、角度、几何误差、表面粗糙度等。

测量单位：尺寸单位有米（m）、毫米（mm）、微米（μm）和纳米（nm）。角度单位有度（°）、分（′）、秒（″）、弧度（rad）等。

测量方法：指测量时的测量原理、测量器具和测量条件的综合。

测量精度：指测量结果与工件真实值的一致程度。

检验：指为判断被测几何量是否合格进行的活动，通常不一定要求得到被测量的具体数值。

检定：指为评定测量器具的精度指标是否满足该计算器具检定规程的全部过程。例如，用量块来检定千分尺的精度指标等。

1.2 测量基准和尺寸传递系统

1.2.1 长度测量单位基准

在长度测量中，必须建立统一标准。我国法定测量单位规定基本长度单位为米（m），在机械制造中常用的测量单位有毫米（mm）和微米（μm）。

1 米（m）=1000 毫米（mm）

1 毫米（mm）=1000 微米（μm）

1983 年第十七届国际计量大会审议并规定了“米”的定义，即 1 米是光在真空中 1/299792458s 时间间隔内的行程长度。1985 年 3 月起，我国用碘吸收稳频为 0. 633μm 的氦氖激光辐射波长作为国家长度标准。

1.2.2 基准量值的传递

在实际应用中，不方便直接利用光波波长来进行测量，通常要通过工作基准（线纹尺和量块）实现光波波长到测量实际之间的尺寸传递。因此，将米的定义长度一级一级地传递到测量器具和工件上去，来保证量值的统一。长度量值的传递系统如图 1－1 所示。

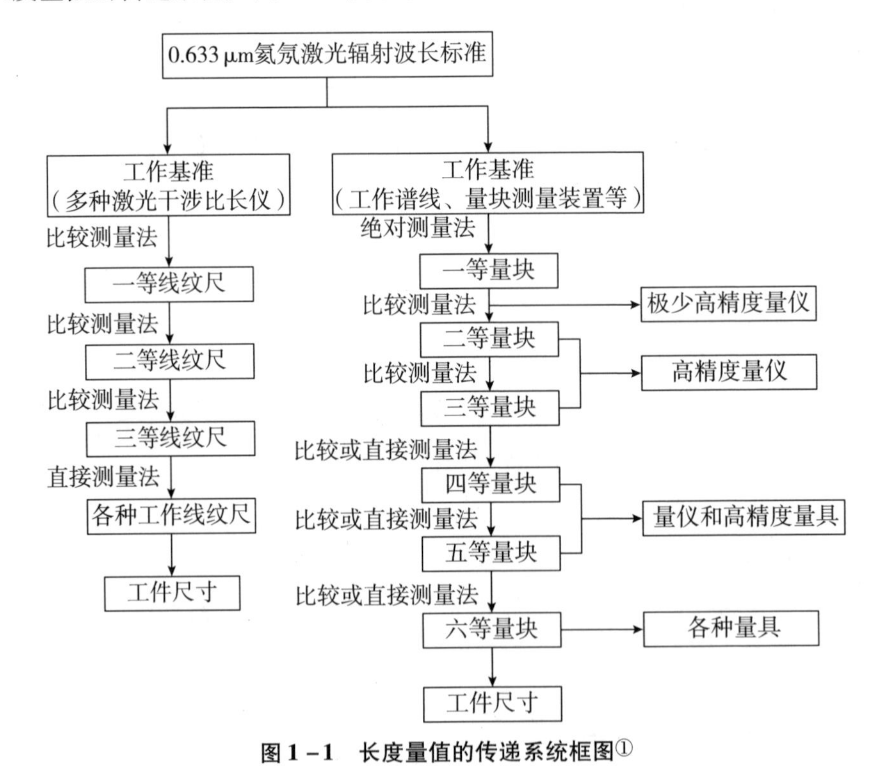

图 1－1　长度量值的传递系统框图①

① 马惠萍．互换性与测量技术基础案例教程［M］. 2 版．北京：机械工业出版社，2019.

1.3 测量器具和测量方法

1.3.1 测量器具的分类

1. 测量器具按照基本分类方法可分为量具和量仪

（1）量具：在使用的时候以固定形式复现给定量的一个或多个已知值的一种测量器具，它没有变换和放大系统。

（2）量仪：将被测量或有关量转换成指示值或等效信息的一种测量器具，它具有变换和放大系统。

2. 按测量器具的结构特点和用途分类

（1）标准量具和量仪：测量中用作标准的量具，是以固定形式复现量值的测量器具。通常用来校对和调整其他测量器具，或作为标准量与被测工件比较。如量块、基准米尺、线纹尺、激光比较仪等。

（2）极限量规：一种没有刻度的专用检验工具。用极限量规检验工件时，只能判断工件是否合格，而不能得出工件尺寸、形状和位置误差的具体数值。

（3）通用量具和量仪：有刻度并能测量出具体数值的量具和量仪。它可以用来测量一定范围内的任意值，一般分为以下几种。

①固定刻线量具：具有一定刻线的量具，如钢直尺、卷尺等。

②游标量具：直接移动测头实现几何量测量的量具，如游标卡尺、齿厚游标卡尺等。

③螺旋测微量具：用螺旋方式移动测头来实现几何量测量的量具，如外径千分尺、内径千分尺、公法线千分尺等。

④机械式量仪：用机械方法来实现被测量变换和放大的量仪，如百分表、千分表、机械比较仪、扭簧比较仪等。

⑤光学量仪：用光学原理来实现被测量变换和放大的量仪，如光学比较仪、光切显微镜等。

⑥电动量仪：电感式量仪、电容式量仪等。

⑦气动量仪：浮标式气动量仪、水柱式气动量仪等。

（4）检测装置：一种专用的检验工具，是由量具、量仪和定位元件等构成的组合体。如检验夹具、主动测量装置和坐标测量机等。它可以方便、迅速地检测出被测工件的各项参数。

近年来，由于光栅、磁栅、感应同步器、激光技术、计算机技术在长度测量中的应用越来越广泛，测量器具的精度不仅有了很大提高，而且能利用脉冲计数、数字显示、自动记录和打印测量结果等方式，实现测量方式的数字化和自动化。

1.3.2 测量器具的基本度量指标

为了便于设计、检定、使用测量器具，统一概念，保证测量精度，对测量器具规定如下度量指标。

（1）刻度间距：测量器具刻度标尺或刻度盘上两相邻刻线中心线间的距离或弧度长度，通常都是等距刻度，一般为1～2.5mm。

（2）分度值：测量器具刻度标尺或刻度盘上相邻两刻线代表的量值之差。

（3）示值范围：测量器具刻度标尺或刻度盘内全部刻度代表的范围。

（4）测量范围：在允许的误差范围内，测量器具能测量尺寸的最小值到最大值的范围。测量范围的最小值、最大值分别称为测量范围的“下限值”“上限值”。

（5）灵敏度：测量器具指示装置对被测量变化的反应能力。它是指能使仪器指示装置发生最小变动的被测量值的最小变动量。对于给定的被测量值，测量器具的灵敏度K用被观察变量的增量ΔL与其相应的被测量增量ΔX之商来表示，即$K=\Delta L/\Delta X$。

（6）灵敏阈（灵敏限）：引起测量器具示值可觉察变化的被测量值的最小变化量。

（7）测量力：测量过程中，测头与被测工件表面接触的力。测量力太大会引起测量器具和被测工件的弹性变形，影响测量精度。

（8）示值误差：仪器指示数值与被测量真值之间的代数差。它是测量器具本身各种误差的综合反映，其中有测量器具的构成原理误差、装配调整误差和分度误差等。

（9）示值变动性：在测量条件不变的情况下，对同一被测量进行多次重复测量时，其读数的最大变动量。

（10）回程误差：对同一尺寸进行正反两个方向测量时，测量器具指示数值的变化范围。

（11）允许误差：技术规范、规则等对测量器具规定的误差极限值。

（12）稳定度：在规定工作条件下，测量器具保持其测量特性恒定不变的程度。

1.3.3 测量方法及其分类

测量方法按照不同的形式有多种分类。

（1）绝对测量和相对（比较）测量，是按量具、量仪的读数值是否直接表示被测量的数值来区分的。

绝对测量：在测量器具的指示装置上表示出被测量的全值，如用游标卡尺测量。

相对测量：指示装置只表示被测量相对标准量的偏差值，被测量的全值为该偏差值与标准值的代数和。如用投影立式光学计测量光滑极限量规，需先用量块进行零位调整，然后进行测量。测量值是被测量规的直径相对量块尺寸的差值。

（2）直接测量和间接测量，是按测量结果获得方法不同来区分的。

直接测量：无须对被测量与其他实测量进行一定函数关系的辅助计算，而是从测量器具的读数装置上直接得到被测量的数值或相对标准量的偏差。例如，用游标卡尺、外径千分尺测量轴径或用比较测量仪测量轴径等。

间接测量：测量与被测量有函数关系的几何参数，经过计算获得被测量。如测量圆弧直径 D 是通过测量弦长 S 和弓形高 H，再经过计算得到 D。它们的关系式是

$$D = \frac{S^2}{4H} + H$$

显然，直接测量比较直观，间接测量比较烦琐。一般当被测量不易测量时，就不得不采用间接测量。

（3）接触测量和非接触测量，是按量具、量仪的测头与被测工件实际表面是否接触来区分的。

接触测量：测头与被测工件表面接触，并有机械作用的测量力存在。如用千分尺测量工件。

非接触测量：测头不与被测工件表面接触。非接触测量可避免测量力对

测量结果的影响。如利用投影法、光波干涉法测量等。

(4) 单项测量和综合测量，是按照一次测量参数的多少来区分的。

单项测量：分别对被测工件的各个参数进行单独测量。

综合测量：同时测量被测工件上与几个参数有关联的综合指标。

单项测量效率不如综合测量，但能分别确定每一参数的误差，一般用于工艺分析、工序检验及被指定参数的测量。综合测量一般效率较高，常用于工件的合格性检验。

(5) 主动测量和被动测量，是按测量在加工过程中所起的作用来区分的。

主动测量：工件在加工过程中进行测量，其结果直接用来控制工件的加工过程，从而及时防止废品的产生。

被动测量：工件加工后进行的测量。这种测量方法只能判别工件是否合格，用于去除废品。

(6) 静态测量和动态测量，是按被测工件在测量过程中所处的状态来区分的。

静态测量：测量时被测工件与测头相对静止。如千分尺测量直径。

动态测量：测量时被测工件实际表面与测头模拟工作状态做相对运动。动态测量方法能反映出被测工件接近使用状态下的情况，是测量技术的发展方向。

1.3.4 常用测量器具

1. 游标卡尺

游标卡尺属于游标类量具，游标类量具是应用游标原理制成的量具。游标卡尺具有结构简单、使用方便、测量范围较大等特点，在生产中最为常用。游标卡尺按被测量对象的不同分为普通游标卡尺、深度游标卡尺和高度游标卡尺，它们的读数原理相同，不同的主要是测量面的位置。下面以普通游标卡尺为例来进行说明。

(1) 普通游标卡尺结构如图 1-2 所示。

(2) 游标读数原理如图 1-3 所示，读数装置由主尺和游标两部分组成，在主尺上读取被测量值的整数部分，刻度间距 $a=1$mm，对于小数部分就需要从游标上进行读取。因此，将主尺刻度 $(n-1)$ 格的宽度分为 n 格，根据 $(n-1)a=nb$，可计算出游标的刻度间距 b 的值。当 $n=10$，那么 $b=0.9$mm。

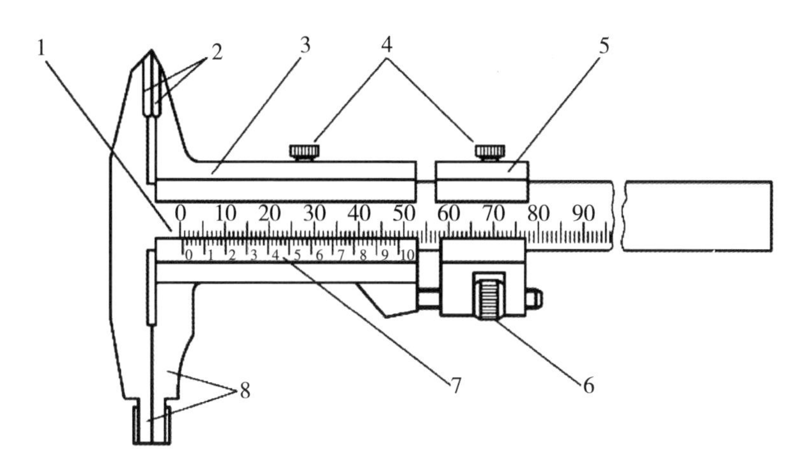

1—主尺；2—上量爪；3—尺框；4—锁紧螺钉；5—微动装置；
6—微动螺母；7—游标；8—下量爪

图 1－2　普通游标卡尺结构图①

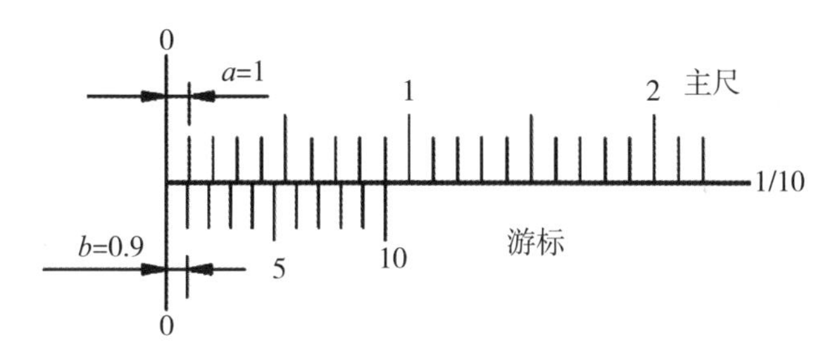

图 1－3　游标读数原理图（分度值为 0.1mm）①

（3）游标卡尺的读数方法。以图 1－4 为例，游标零线的位置在主尺的“5”与“6”之间，因此被测量值由两部分组成，首先在主尺上读出整数部分 5mm，然后可以看到游标上第 4 根刻线与主尺刻线对准，分度值为 0. 1mm，即 0. 4mm，最后两者相加为 5. 4mm。

2. 千分尺

千分尺属于螺旋测微类量具，螺旋测微类量具是应用螺旋传动原理进行测量和读数的量具。千分尺按用途可分为外径千分尺、内径千分尺、深度千分尺等。下面以外径千分尺为例来进行说明。

① 王檠，王俊昌，王晓晶．互换性与测量技术［M］．成都：电子科技大学出版社，2016.

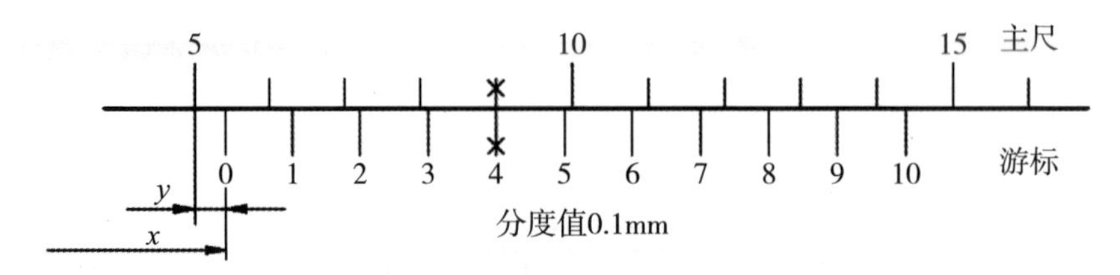

图 1－4 游标卡尺读数示例图①

（1）外径千分尺结构如图 1－5 所示。

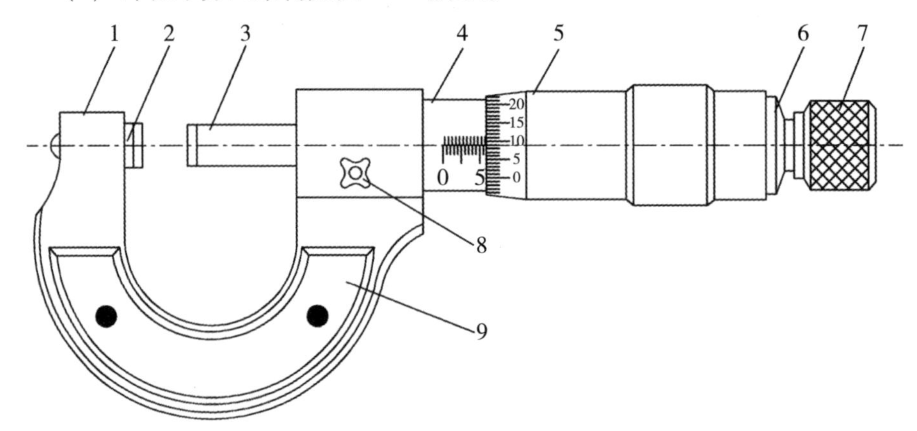

1—尺架；2—测砧；3—测微螺杆；4—固定套筒；5—微分筒；
6—接头；7—测力装置；8—锁紧装置；9—隔热装置

图 1－5 外径千分尺结构图①

（2）外径千分尺的工作原理。如图 1－5 所示，旋转测力装置 7，带动微分筒 5 旋转，此时，角位移变为直线位移，传动到测微螺杆 3，测微螺杆 3 与微分筒 5 一起边旋转边做直线位移。当测微螺杆 3 螺距为 0.5mm 时，固定套筒 4 的刻度间距为 0.5mm，微分筒 5 圆周共刻有 50 条等分割线，即微分筒 5 旋转一圈，测微螺杆 3 轴向移动 0.5mm，因此，千分尺的分度值为 0.5/50＝0.01mm。

（3）外径千分尺的读数方法。以图 1－6 为例，被测量值由两部分组成。首先从固定套筒上读数 13.5mm，然后找到微分筒上与固定套筒基准线对准的刻线，从下往上读第 18 格，一格为 0.01mm，即 0.18mm，最后两者相加为 13.68mm。

① 王樑，王俊昌，王晓晶．互换性与测量技术［M］．成都：电子科技大学出版社，2016.

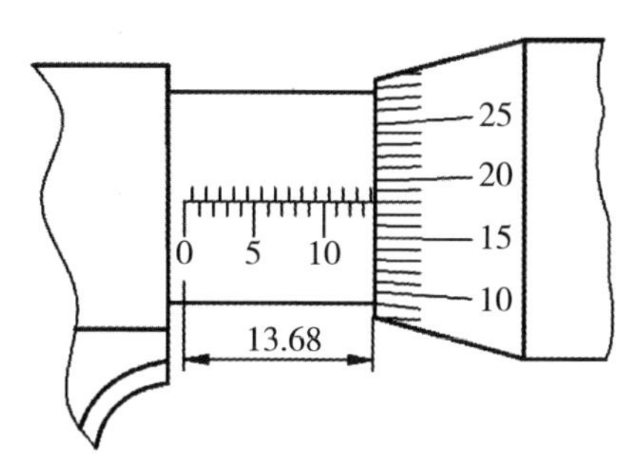

图 1－6　外径千分尺读数示例图①

3. 百分表

百分表属于机械量仪，机械量仪是利用机械结构将直线位移变成角位移并通过读数装置来表示的测量器具。机械量仪主要有百分表、内径百分表、杠杆百分表、千分表、杠杆比较仪、扭簧比较仪等。百分表是使用范围最广的。

（1）百分表的用途。它常用在生产中检测长度尺寸、几何误差，调整设备或装夹校正工件，以及用来作为各种测量夹具及专用量仪的读数装置等。

（2）百分表的工作原理。通过齿条及齿轮的传动，将测杆的直线位移变成指针的角位移。百分表的结构如图 1－7（a）所示。百分表的内部传动机构如图 1－7（b）所示。带有齿条的测杆 5 在弹簧 4 的作用下上下移动时，产生一定测量力，带动与齿条相啮合的小齿轮 1 转动。此时，大齿轮 2 随之转动，通过大齿轮 2 带动中间齿轮 3 与指针 6 转动。

大齿轮 7 与大齿轮 2 的齿数相同，其上装有游丝 8，由游丝产生的扭转力矩作用在大齿轮 7 上。大齿轮 7 也与中间齿轮 3 啮合，目的是保证齿轮在正反转时都在同一齿侧面啮合。

百分表的表盘上刻有 100 个等分的刻度，当测杆移动 1mm 时，带动指针转一圈。因此，表盘上一格的分度值表示 0. 01mm。

（3）百分表的正确使用方法。

①使用前检查。检查外观是否有破损或锈蚀；检查指针的灵敏度与稳定性。

②使用与调整。安装百分表时，使百分表测杆垂直于工件表面或轴线，测头与工件接触，并压缩 1 ~2 圈，以保持初始测力，提高示值的稳定性。为了读数方便，测量前可旋转表圈使百分表的指针指到表盘的零位。

---

① 王樑，王俊昌，王晓晶．互换性与测量技术［M］．成都：电子科技大学出版社，2016.

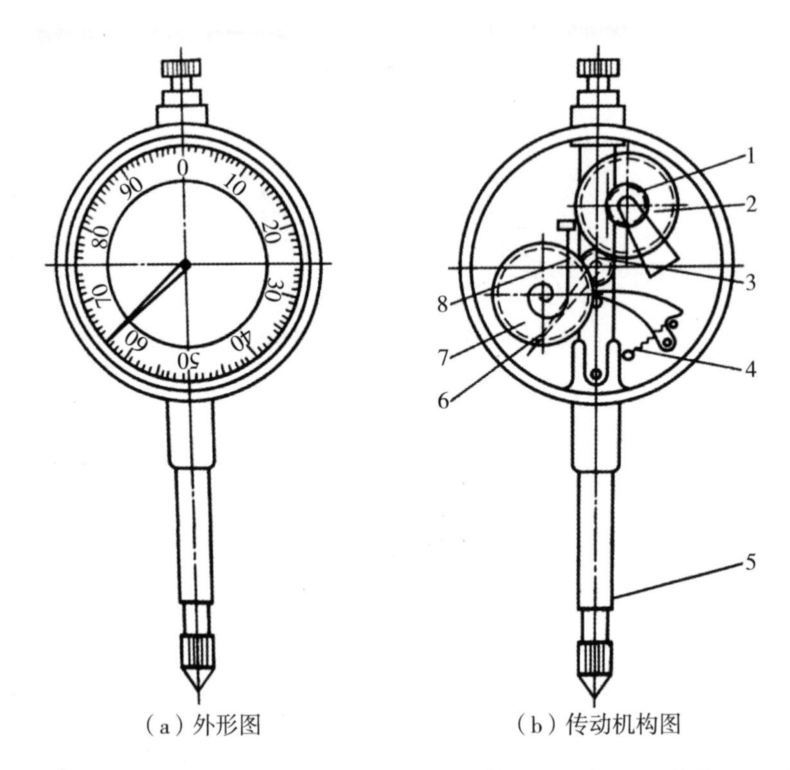

（a）外形图　　　　（b）传动机构图

1—小齿轮；2，7—大齿轮；3—中间齿轮；4—弹簧；5—测杆；6—指针；8—游丝

图1-7　百分表的结构图①

4. 齿轮杠杆比较仪

齿轮杠杆比较仪也是机械量仪中的一种，它是将测杆的直线位移通过齿轮传动放大机构变成指针的角位移。当测杆上下移动时，将力传递给齿轮传动系统，使杠杆绕轴转动，并通过杠杆短臂 R_4 和长臂 R_3 将位移放大。同时，扇形齿轮带动与其啮合的小齿轮转动，从而带动指针在表盘上转动。齿轮杠杆比较仪示意图如图1-8所示。

5. 扭簧比较仪

扭簧比较仪也是机械量仪中的一种，它将测杆的直线位移通过扭簧传动放大机构，转变为指针的角位移。当测杆4上下移动时，带动弹性杠杆3转

---

① 徐红兵，王亚元，杨建风. 几何量公差与检测实验指导书［M］. 2版. 北京：化学工业出版社，2012.

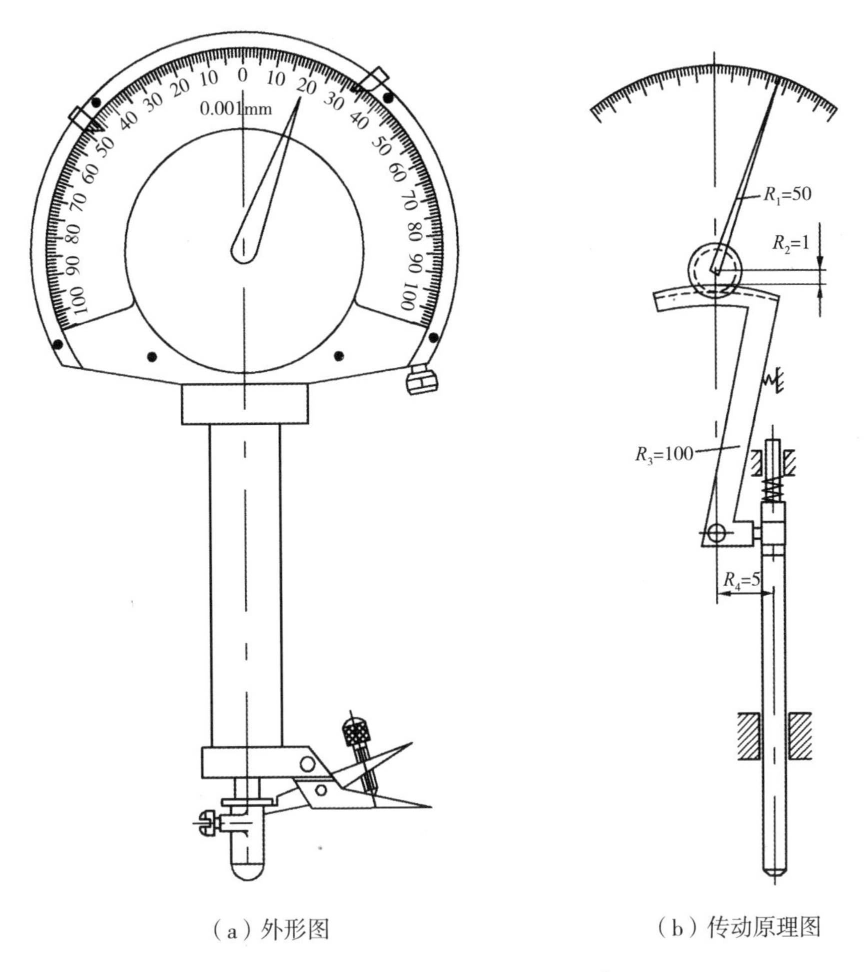

（a）外形图　　　　（b）传动原理图

图 1－8　齿轮杠杆比较仪示意图①

动再拉动灵敏弹簧片 2，从而使固定在灵敏弹簧片中部的指针 1 偏转一个角度。扭簧比较仪示意图如图 1－9 所示。

6. 光学量仪

光学量仪是利用光学原理制成的，其中光学计在长度测量中应用比较广泛。

① 徐红兵，王亚元，杨建风．几何量公差与检测实验指导书［M］．2 版．北京：化学工业出版社，2012．

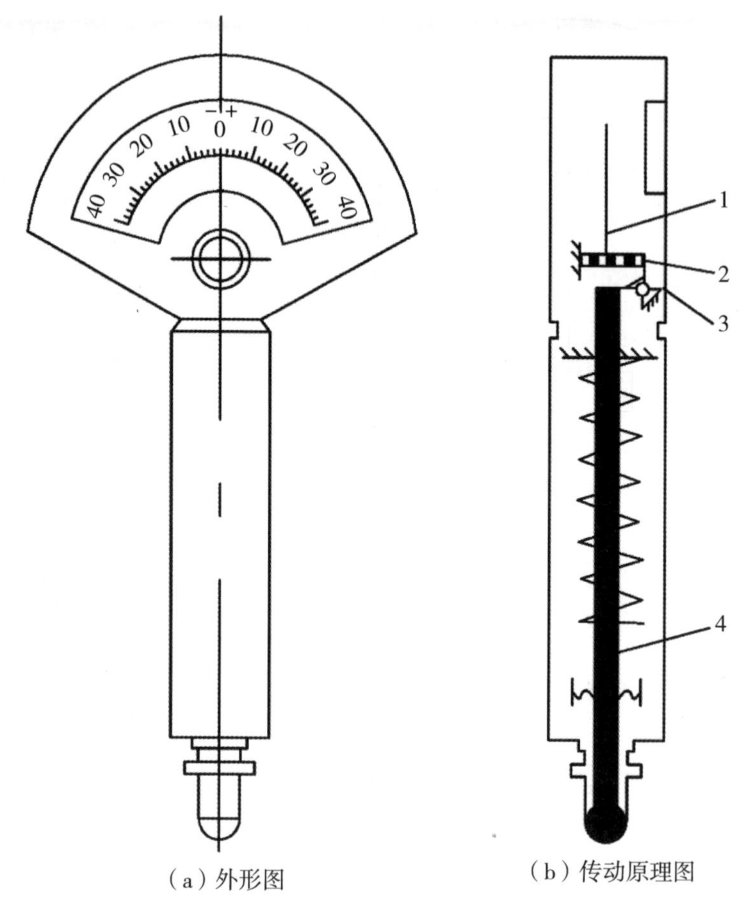

（a）外形图　　（b）传动原理图

1—指针；2—灵敏弹簧片；3—弹性杠杆；4—测杆

图 1－9　扭簧比较仪示意图①

7. 坐标测量仪

坐标测量仪是测量工件二维或三维尺寸的精密仪器，在现代测量中应用比较广泛。

① 徐红兵，王亚元，杨建风．几何量公差与检测实验指导书［M］.2 版．北京：化学工业出版社，2012.

2 尺寸精度测量

导 读

尺寸相关概念，包括公称尺寸、实际尺寸、极限尺寸；偏差相关概念，包括实际偏差、极限偏差；尺寸公差及尺寸公差带图；量块尺寸及使用；光滑极限量规；验收极限与安全裕度；内径百分表测量孔径；投影立式光学计测量光滑极限量规。

2.1 尺寸、偏差、公差

2.1.1 尺寸

尺寸是用特定单位表示线性尺寸值的数值，如直径、长度、宽度、高度、深度等都是线性尺寸。在零件图上，线性尺寸通常以 mm 为单位进行标注。根据性质不同，尺寸可以分为公称尺寸、实际尺寸和极限尺寸。

1. 公称尺寸

公称尺寸是在机械设计过程中，根据强度、刚度、运动等条件，或根据工艺需要、结构合理性、外观要求等，通过计算或直接选用确定的尺寸。一般公称尺寸要求符合标准尺寸系列，减少定值刀具、量具、夹具的种类。孔的公称尺寸常用 D 来表示，轴的公称尺寸常用 d 来表示。

2. 实际尺寸

实际尺寸是通过测量获得的尺寸。孔的实际尺寸常用 D_a 表示，轴的实际尺寸常用 d_a 表示。

3. 极限尺寸

极限尺寸是允许尺寸变化的两个界限值。允许的最大尺寸为上极限尺寸，允许的最小尺寸为下极限尺寸。孔的上、下极限尺寸分别表示为 D_{max} 和 D_{min}，轴的上、下极限尺寸分别表示为 d_{max} 和 d_{min}。

2.1.2 偏差

尺寸偏差（简称偏差），是指某一尺寸减去公称尺寸所得的代数差。偏差包括实际偏差和极限偏差（上、下极限偏差）。偏差的数值可以是正值、负值或零，但同一个公称尺寸的两个极限偏差不能同时等于零。在计算和标注时，偏差除零以外必须带有正号或负号。

1. 实际偏差

实际偏差是实际尺寸减其公称尺寸得到的代数差。孔和轴的实际偏差分别以 E_a 和 e_a 表示。

$$E_a = D_a - D$$

$$e_a = d_a - d$$

2. 极限偏差

极限偏差是极限尺寸减其公称尺寸所得的代数差，包括上极限偏差和下极限偏差。

上极限偏差：上极限尺寸减去公称尺寸所得的代数差。孔的上极限偏差用 ES 表示，轴的上极限偏差用 es 表示。

$$ES = D_{max} - D$$

$$es = d_{max} - d$$

下极限偏差：下极限尺寸减去公称尺寸所得的代数差。孔的下极限偏差用 EI 表示，轴的下极限偏差用 ei 表示。

$$EI = D_{min} - D$$

$$ei = d_{min} - d$$

2.1.3 公差

1. 尺寸公差

允许尺寸的变动量称为尺寸公差（简称公差）。公差等于上极限尺寸与下极限尺寸代数差的绝对值，也等于上极限偏差与下极限偏差代数差的绝对值。孔和轴的公差分别用 T_D 和 T_d 表示。公差、极限尺寸及偏差的关系如下所示。

$$T_D = |D_{max} - D_{min}| = |ES - EI| > 0$$

$$T_d = |d_{max} - d_{min}| = |es - ei| > 0$$

2. 尺寸公差带图

为了形象地表达孔和轴的公差和偏差，习惯用尺寸公差带图的形式描述孔和轴各尺寸之间的关系。由于公差和偏差的数值比公称尺寸数值小得多，不方便用同一比例表示，故采用孔、轴的公差及其配合图解（尺寸公差带图）表示。如图 2－1 所示，孔、轴配合的尺寸公差带图由零线和孔、轴的公差带两部分组成。

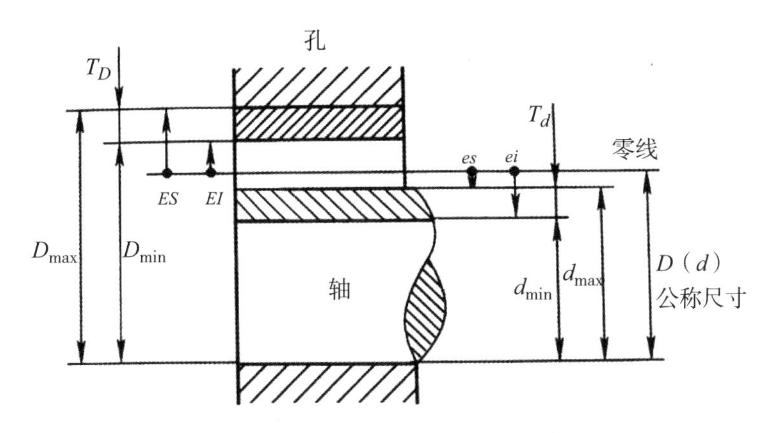

图 2－1 孔、轴配合的尺寸公差带图①

（1）零线：在尺寸公差带图中表示公称尺寸的一条直线，以其为基准确定公差和偏差。通常，零线沿水平方向绘制，零线上方为正偏差区，零线下方为负偏差区。

（2）公差带：公差带是在尺寸公差带图中，由代表上极限偏差和下极限偏差，或者上极限尺寸和下极限尺寸的两条直线限定的一个区域。它是由公差带大小和其相对零线的位置来确定的。公差带在垂直零线方向的高度代表公差值。

（3）基本偏差：在标准极限与配合制中，确定公差带相对零线位置的那个极限偏差。它可以是上极限偏差或下极限偏差。一般是靠近零线的那个偏差。

2.2 量块尺寸及使用

量块（又称块规）是一种无刻度的标准端面量具。其制造材料多为特殊

① 刘宁，陈云，周杰．互换性与技术测量基础［M］．北京：国防工业出版社，2013.

合金钢，形状一般为长方体结构，六个平面中有两个互相平行的极为光滑平整的测量面，两测量面之间具有精确的工作尺寸，如图 2－2 所示。量块主要用作尺寸传递系统的中间标准量具，或在相对法测量时作为标准件调整仪器的零位。

量块长度是指量块上测量面上任意一点到与另一个测量面相研合的辅助体（如平晶）表面之间的垂直距离。量块的中心长度是指量块测量面上中心点的量块长度，如图 2－3 所示。量块上标出的数字为量块长度的标称值，称为标称长度。尺寸小于 5.5mm 的量块，标称长度示值刻在测量面上；尺寸大于等于 5.5mm 的量块，标称长度示值刻在非测量面上，且该表面的左右侧面为测量面。

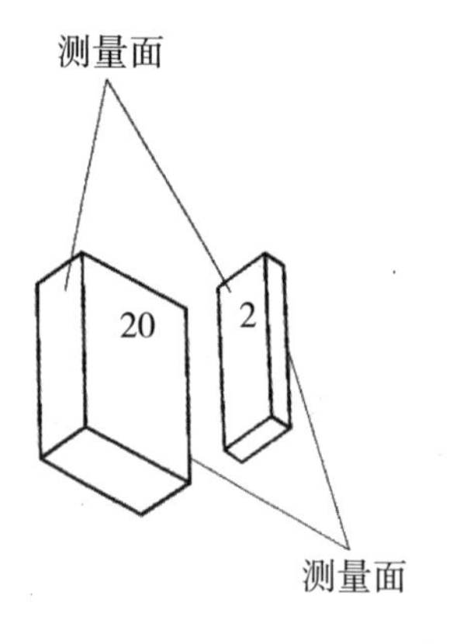

图 2－2　量块示意图①

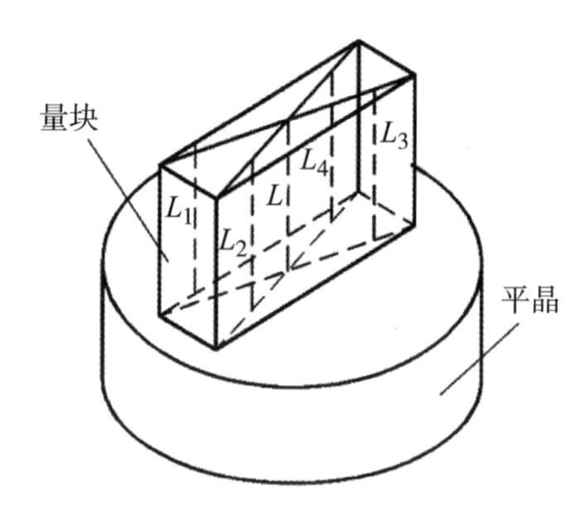

图 2－3　量块长度示意图①

在使用量块时，常常用几个量块组合成需要的尺寸，为减少量块的组合误差，应尽量减少量块的组合块数，一般不超过 4 ~5 块。

2.3　光滑极限量规

光滑极限量规是一种无刻度的定值专用量具，是用来检验圆柱形工件尺寸是否合格的常用器具。检验孔径的光滑极限量规称为塞规，检验轴径的光滑极限量规称为环规或卡规。光滑极限量规有两端，分别是通端和止端，它

① 刘宁，陈云，周杰．互换性与技术测量基础［M］．北京：国防工业出版社，2013.

们通常是成对出现的。用光滑极限量规检验，是采用通端和止端来判断工件尺寸是否在极限尺寸内的一种定性检验过程，通端过止端不过为合格，通端止端都不过或通端止端都过则为不合格。

2.4　验收极限与安全裕度

验收极限是指检验工件尺寸时，判断工件合格与否的尺寸界限，如图2－4所示。安全裕度是测量中的总不确定度的允许值，用 A 表示。验收极限可采用不内缩方式或内缩方式进行确定。

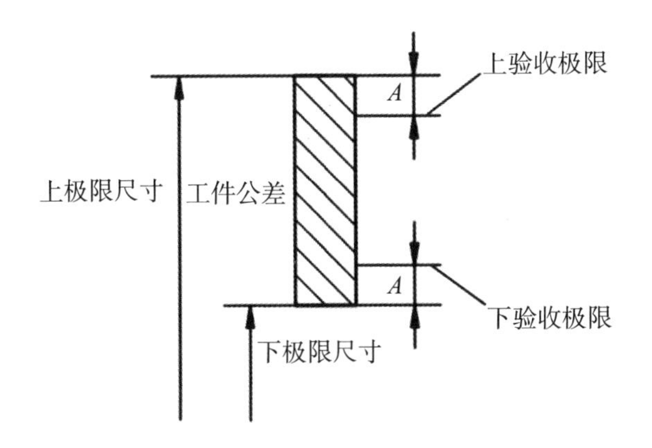

图2－4　验收极限和安全裕度示意图①

1. 不内缩方式

对于非配合尺寸和一般公差要求的尺寸，采用不内缩方式，如一般的孔和轴。验收极限等于图2－4中标注的上极限尺寸和下极限尺寸，即安全裕度 A 值等于0。例如，合格的孔、轴的实际尺寸应该满足下列条件。

孔：$$D_{min} \leqslant D_a \leqslant D_{max}$$

轴：$$d_{min} \leqslant d_a \leqslant d_{max}$$

2. 内缩方式

对于图样标注适用包容要求的尺寸，或公差等级要求较高的尺寸，其验收极限采用内缩方式。验收极限由图样标注的上极限尺寸和下极限尺寸向工

① 刘宁，陈云，周杰．互换性与技术测量基础［M］．北京：国防工业出版社，2013.

件公差带内侧移动一个安全裕度 A 来确定，如图 2 - 4 所示。例如，在确定光滑极限量规的实际尺寸是否合格时，应满足的条件为

$$d_{min} + A \leqslant d_a \leqslant d_{max} - A$$

或者

$$ei + A \leqslant e_a \leqslant es - A$$

安全裕度的确定必须从技术和经济两个方面综合考虑。A 值较大时，可选用较低精度的测量器具进行检验，但会减少工件的生产公差，因而加工经济性差；A 值较小时，要用较精密的测量器具，加工经济性好，但测量器具费用高，生产成本也增加了。因此，GB/T 3177—1997 规定安全裕度由被测工件的尺寸公差值确定，一般取工件尺寸公差值的 10% 左右。

2.5 实验

实验 2.1 内径百分表测量孔径

1. 实验目的

（1）了解内径百分表的结构与测量原理。

（2）掌握内径百分表测量孔径的方法，能够独立完成操作步骤。

（3）学会评定孔、轴合格性的方法，并对测量结果作出正确判断。

2. 实验内容

本实验采用内径百分表测量孔径尺寸，属于相对测量法。测量时先根据孔的公称尺寸 L 组合成量块组，使量块组尺寸与公称尺寸 L 相等，并将量块组装在量块附件中。然后，用组合量块组来调整内径百分表的示值零位。最后，用内径百分表测出被测孔径相对零位的偏差 ΔL，则被测孔径为 $D = L + \Delta L$。

3. 实验设备

本实验采用的设备有内径百分表、量块及其附件。内径百分表是指示表类的一种，专门用于孔径尺寸和孔径形位误差的测量，其主要技术参数如下所示。

（1）分度值：0.01mm。

（2）示值范围：0 ~ 3mm。

（3）测量范围：50 ~ 160mm。

内径百分表是相对测量法测量孔径的常用测量仪。它具有轻、小、简、廉等特点，不需要辅助电源、光源、气源等装置，具备较强的精度与耐用度，因而被普遍使用。内径百分表由百分表和装有杠杆系统的测量装置组成。百分表借助于杠杆齿轮传动机构，将测杆的线位移转变为指针回转运动的角位移。内径百分表的结构如图 2－5 所示。

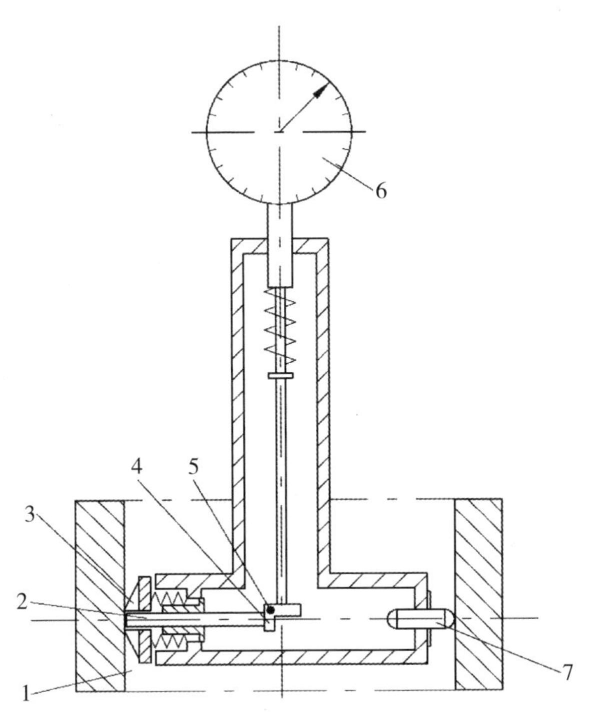

1—孔；2—活动测头；3—定心板；4—等臂直角杠杆；
5—钢球；6—百分表；7—固定测头

图 2－5 内径百分表的结构图[①]

4. 实验原理

如图 2－5 所示，内径百分表是同轴线的固定测头 7 和活动测头 2，与被测孔壁接触进行测量的。测量时，活动测头 2 被压入，推动镶在等臂直角杠杆 4 上的钢球 5，使等臂直角杠杆 4 绕支轴回转，并推动长接杆向上移动，压缩弹簧，从而推动百分表 6 的指针回转并生成读数。由于采用等臂直角杠杆，

① 王檪，王俊昌，王晓晶．互换性与测量技术［M］．成都：电子科技大学出版社，2016.

内径百分表活动测头移动的距离与百分表的示值相等，因此内径百分表传动机构的传动比为1。

在活动测头2的两侧有定心板3，定心板3在弹簧的作用下始终对称地压靠在被测孔壁上。这使得定心板与孔壁接触点的连线和被测孔的直径线互相垂直，以保障两测头位于该孔的直径方向上。

5. 实验步骤

（1）安装工作。

将百分表正确安装在测杆的螺孔上，给予1mm左右的压缩量后锁紧螺钉。按被测孔径的公称尺寸要求，选用合适的固定测头，拧入测杆相应的螺孔内。

（2）零位调整。

根据被测孔径的公称尺寸选取量块，并把它们研合成量块组，转入量块附件中（或使用具有确定内尺寸的标准圆环）。校对时，一只手握着内径百分表的测杆隔热手柄，另一只手按压住定心板，使活动测头压靠在量块组一端的测头中心处后，松开定心板，使固定测头与量块附件另一端测头接触，边转动边观察百分表的变化，给予适当压缩量后锁紧螺钉。在基准的垂直和水平两个方向上，反复摆动内径百分表，从中找最小值（即读数转折点）后，旋转表圈，使百分表的指针正好对准零刻度，零位调整完毕。

（3）测量孔径。

将内径百分表两个测头放进被测孔径中，沿被测孔轴线方向测量三个截面（Ⅰ—Ⅰ、Ⅱ—Ⅱ、Ⅲ—Ⅲ），每个截面都在相互垂直的两个部位（*AA*、*BB*）上各测一次，如图2-6（a）所示。

测量时，轻轻摆动百分表，记下示值变化的最小值（注意正负号：如果孔径尺寸小于标准尺寸，迫使活动测头压缩，指针顺时针方向旋转为负值。反之，孔径尺寸大于标准尺寸，指针逆时针旋转为正值），如图2-6（b）所示。

（4）数据处理。

按照被测孔的验收极限处理测量数据，判断被测孔径是否合格，得出正确结论。

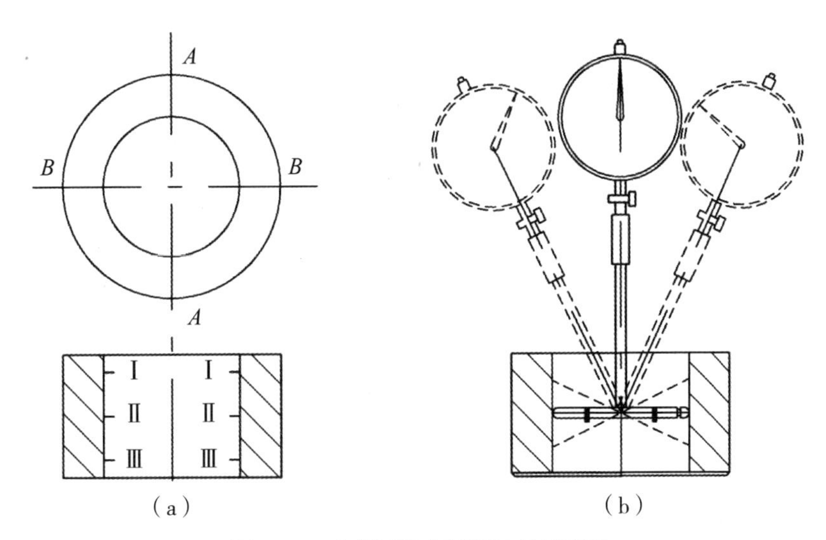

图2-6 内径百分表测量孔径示意图

6. 实验前自测题

(1) 本实验的仪器名称为________，用到的测量方法是________。

(2) 实验中运用量块作为调零的基准，量块或组合量块的尺寸根据________来确定。

(3) 记录读数时，测量出的偏差必须带有________。

(4) 对于孔径的合格性判断，验收极限采用________方式。

7. 实验后思考题

内径百分表测量时，为什么必须摆动百分表来找最小示值?

实验2.2 投影立式光学计测量光滑极限量规

1. 实验目的

(1) 了解投影立式光学计的结构和测量原理。

(2) 掌握用投影立式光学计测量工件的操作步骤，独立完成测量工件的全过程。

(3) 学会评定光滑极限量规合格性的方法，并对测量结果作出正确判断。

2. 实验内容

本实验以量块为基准，用投影立式光学计测量光滑极限量规通规端的尺寸，属于相对测量法。测量前先根据被测工件的公称尺寸 L 确定组合量块，再将量块组放在投影立式光学计上调整仪器零位。最后，在投影立式光学计上测量出被测尺寸与量块尺寸的偏差值 ΔL，从而得出被测工件的实际尺寸 $D = L + \Delta L$，并作出合格性判断。

3. 实验设备

本实验用到的设备有投影立式光学计、量块、光滑极限量规。投影立式光学计是立式光学比较仪中的一种，它是一种精度较高、结构较简单的常用光学测量仪器，除具有一般立式光学计的优点外，还具有操作简单、读数方便的特点。它利用标准量块与被测工件相比较的方法来测量工件外形的尺寸偏差，是工厂测量室、车间检定站、制造量具工具与精密工件车间常用精密仪器之一。它可以检定 5 等量块及高精度的圆柱形塞规，也可以测量圆柱形、球形、线形等工件的直径或板形工件的厚度。其基本技术参数如下所示。

（1）分度值：1μm。

（2）示值范围：±100μm。

（3）测量范围：0～180mm。

（4）测量误差：$\pm\left(0.5+\frac{L}{100}\right)$ μm（公称尺寸 L，单位为 mm）。

4. 仪器及测量原理说明

投影立式光学计是精密光学机械长度测量仪器。它由较精密的机械结构和光学系统构成。其中，光学系统为核心，而机械结构的主要作用是保证光学系统的性能实现。图 2－7 为 JD3 型投影立式光学计的外形结构。

投影光学计管是投影立式光学计最主要的部分，它由测量管 3 和壳体 8 两部分组成。壳体内装有隔热玻璃、分划板、反射棱镜、投影物镜、直角棱镜、反光镜、投影屏等光学零件。在壳体的右侧装有调零旋钮 12，转动它可使分划板产生一个微小的移动，从而使投影屏上的刻线对准零刻线。

投影立式光学计是利用光学杠杆的放大原理（通过光线反射产生放大作用）进行测量的仪器，其测量原理如图 2－8 所示。由 15W 灯泡 1 发出的光线，经过聚光镜 2、滤色片 15、隔热玻璃 14 照亮分划板 13，并经反射棱镜 12 反射后射向自准直物镜 9，变成平行光束。根据自准直原理，当测杆 7 产生位移后，带动平面反射镜 8 转动一个角度，此平行光束被平面反射镜 8 反射回来，再经自准直物镜 9、反射棱镜 12，反射成像在投影物镜 4 的物平面上。然后光束通过投影物镜 4、直角棱镜 3 和反光镜 5 在投影屏 11 上成像，通过读数放大镜 10 可以观察投影屏 11 上的刻度尺像。

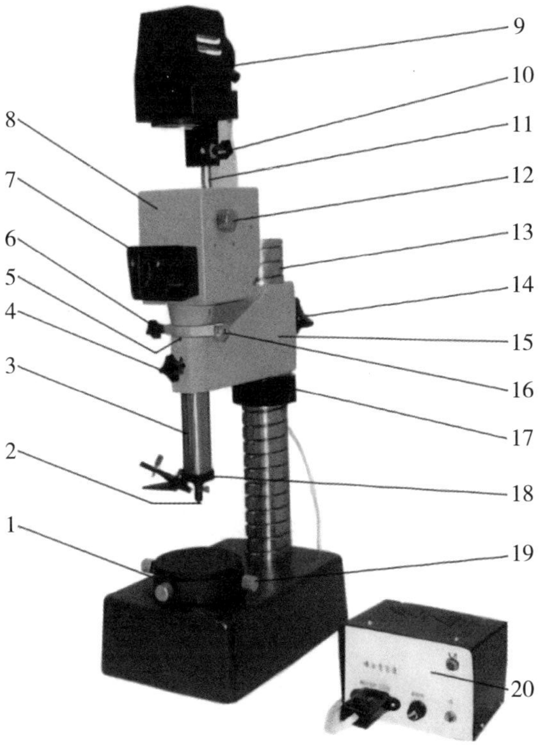

1—工作台底盘；2—测头；3—测量管；4—光管紧固螺钉；5—微动托圈；
6—微动托圈固定钉；7—目镜；8—壳体；9—投影灯；10—投影灯紧固螺钉；
11—支柱；12—调零旋钮；13—立柱；14—横臂紧固螺钉；15—横臂；
16—光管细调旋钮；17—升降螺母；18—测头提升器；19—工作台调整螺钉；
20—变压器

图 2－7　JD3 型投影立式光学计的外形结构图①

如图 2－9 所示。测量时，当测头与被测工件 5 接触后，测杆 4 向上移动一定距离 s，带动平面反射镜 1 从位置 p—p 移动到 p_1—p_1 并倾斜了一个角度 α，而反射光相对入射光偏转了 2α 的角度，反射光线经过物镜 2 后，会聚于焦平面 3 的 C'上，C'为目标 C 的成像，CC'距离为 l。

① 徐红兵，王亚元，杨建风．几何量公差与检测实验指导书［M］.2 版．北京：化学工业出版社，2012.

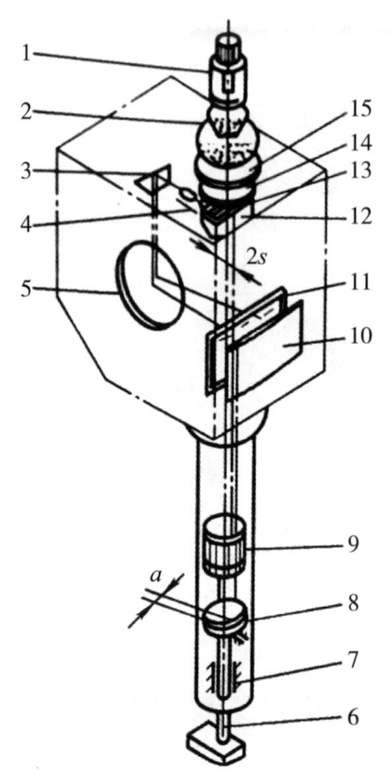

1—15W灯泡；2—聚光镜；3—直角棱镜；4—投影物镜；5—反光镜；6—测头；
7—测杆；8—平面反射镜；9—自准直物镜；10—读数放大镜；11—投影屏；
12—反射棱镜；13—分划板；14—隔热玻璃；15—滤色片

图2-8 投影立式光学计的光学系统图①

由上述可知，放大倍数为

$$K = \frac{l}{s} = \frac{f\tan 2\alpha}{b\tan\alpha} \approx \frac{2f}{b}$$

式中，f——物镜距刻度尺的距离，即物镜焦距（$f=200\text{mm}$）；

b——测杆中心至反射镜固定支点的距离（$b=5\text{mm}$）。

因此，
$$K = \frac{2\times 200}{5} = 80$$

刻度尺的刻线间距 $c=0.08\text{mm}$，则刻度尺的分度值为

① 徐红兵，王亚元，杨建风．几何量公差与检测实验指导书［M］.2版．北京：化学工业出版社，2012.

$$i = \frac{c}{K} = \frac{0.08\text{mm}}{80} = 0.001\text{mm} = 1\mu\text{m}$$

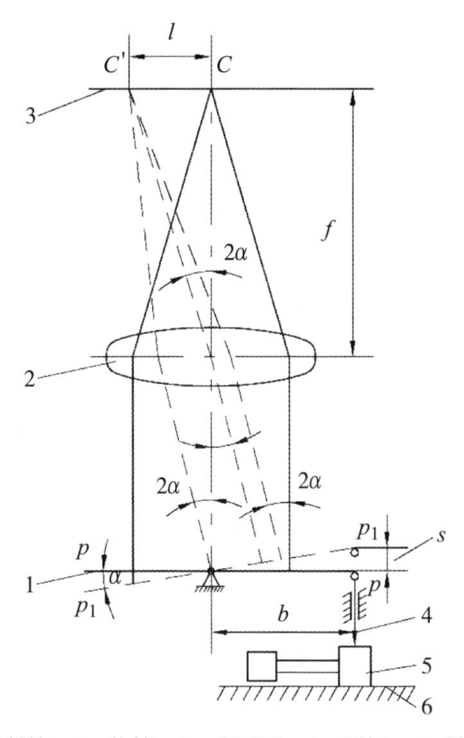

1—平面反射镜；2—物镜；3—焦平面；4—测杆；5—被测工件；6—工作台

图 2-9　光学杠杆传动比示意图①

刻度尺的示值范围为 ±100μm。刻度尺像通过目镜来观察，目镜的放大倍数为 12，故人眼在目镜中看到的刻度尺像的视间距为 0.08mm × 12 = 0.96mm。

5. 实验步骤

（1）选择测头。

测头有球形、平面形和刀口形。应根据被测实际表面的几何形状来选择测头，并将其安装在测杆上。根据被测工件与测头的接触面最小的选择原则，在测量圆柱形工件时，应选用刀口形测头；测量平面工件时，应选用球形测头；测量球形工件时，应选用平面形测头。

① 资料来源：王艺主编的《武汉理工大学实验指导书》（第 2 版）。

（2）组合量块组。

根据被测工件的公称尺寸进行量块组合，并将它们研合成量块组。

（3）调整工作台。

接通电源后，旋转工作台调整螺钉，使工作台与测杆的运动方向垂直。

（4）调整零线。

将量块组放在工作台上，并使测头对准量块组测量面的中央，进行粗调、细调和微调，如图 2－7 所示。

①粗调：松开横臂紧固螺钉，转动升降螺母，使横臂缓缓下降，直至测头与量块组测量面接触，从目镜的视场中能够看到刻度尺为止，再旋紧横臂紧固螺钉。

②细调：松开光管紧固螺钉，转动光管细调旋钮，使刻度尺零刻线接近固定指示线 O，然后旋紧光管紧固螺钉。细调后的目镜视场如图 2－10（a）所示。

③微调：轻轻按动测头提升器，使测头提起数次，零刻线的位置稳定后转动调零旋钮，使零刻线与固定指示线 O 重合。微调后的目镜视场如图 2－10（b）所示。

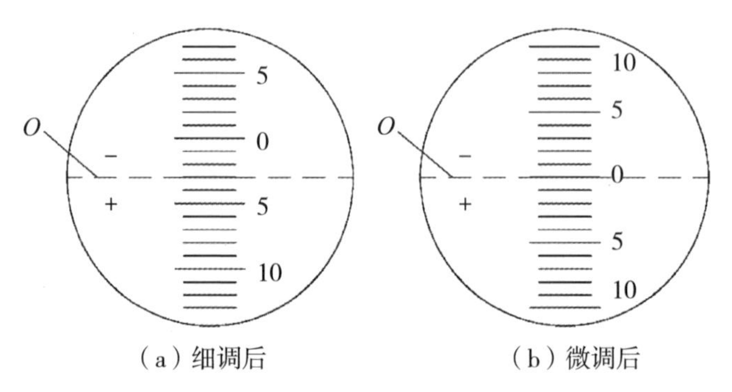

（a）细调后　　（b）微调后

O—固定指示线

图 2－10　目镜视场图①

（5）尺寸测量。

按动测头提升器，取下量块组，换上被测工件光滑极限量规。在量规通规端上均布的三个横截面Ⅰ、Ⅱ、Ⅲ上，分别对相隔 90°的镜像位置 AA'、

① 王樑，王俊昌，王晓晶．互换性与测量技术［M］．成都：电子科技大学出版社，2016.

*BB′*进行测量，如图 2－11 所示。

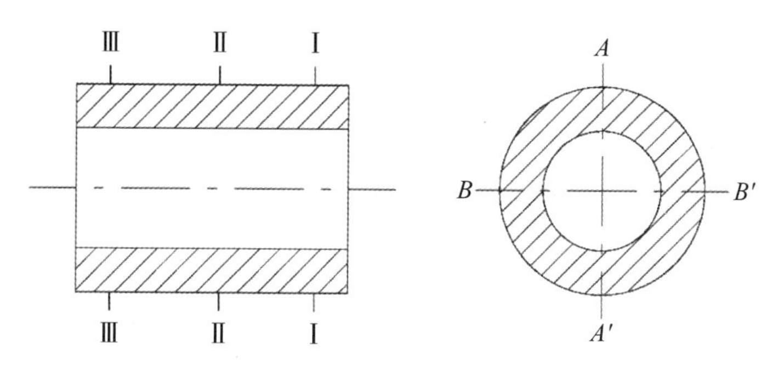

图 2－11 光滑极限量规通规端的被测部位截面图①

（6）判断被测工件的合格性。

记录测量结果，根据零件图样上标注的被测工件极限尺寸或极限偏差，判断被测工件的合格性。

6. 实验前自测题

（1）本实验的仪器名称为________，用到的测量方法是________，测量部位是________。

（2）在确定量块的测量面时，当量块的公称长度为 10mm，公称长度示值刻在________面上。

（3）记录读数时，测量出的偏差必须带有________。

（4）在对光滑极限量规通规外径尺寸的合格性进行判断时，验收极限采取________方式，安全裕度 *A* 为________。

7. 实验后思考题

能否用千分尺、游标卡尺来测量光滑极限量规，为什么？

---

① 王樑，王俊昌，王晓晶．互换性与测量技术［M］．成都：电子科技大学出版社，2016.

3 几何误差测量

导 读

几何公差概念及其特征项目；形状误差及其评定方法；位置误差及其评定方法；跳动误差及其评定方法；光学合像水平仪测量直线度误差；自准直仪测量导轨直线度误差；平面度误差测量；圆度误差测量；圆跳动误差测量。

3.1 几何公差

几何公差是指被测实际要素相对理想要素允许的最大变动量，即允许的最大几何误差。几何公差是设计时给定的、用以限制被测实际要素的几何误差，它包括形状公差、方向公差、位置公差和跳动公差四大类。

国家标准 GB/T 1182—2008《产品几何技术规范（GPS）几何公差 形状、方向、位置和跳动公差标注》规定的几何公差的几何特征共有 19 项。其中，形状公差特征项目 6 项，方向公差特征项目 5 项，位置公差特征项目 6 项，跳动公差特征项目 2 项。没有基准要求的线轮廓度、面轮廓度公差属于形状公差，有基准要求的线轮廓度、面轮廓度公差则属于方向、位置公差。几何公差特征项目名称及其符号如表 3－1 所示。

表 3－1　几何公差特征项目名称及其符号（摘自 GB/T 1182—2008）

公差类型	几何特征	符号	有无基准
形状公差	直线度	—	无
	平面度	▱	无
	圆度	○	无

续 表

公差类型	几何特征	符号	有无基准
形状公差	圆柱度	⌭	无
	线轮廓度	⌒	无
	面轮廓度	⌓	无
方向公差	平行度	//	有
	垂直度	⊥	有
	倾斜度	∠	有
	线轮廓度	⌒	有
	面轮廓度	⌓	有
位置公差	位置度	⌖	有或无
	同心度（用于中心点）	◎	有
	同轴度（用于轴线）	◎	有
	对称度	⌯	有
	线轮廓度	⌒	有
	面轮廓度	⌓	有
跳动公差	圆跳动	↗	有
	全跳动	⌰	有

3.2 形状误差及其评定

形状误差指对于被测工件，被测实际单一要素相对其理想要素的变动量。

评定形状误差应遵循最小条件这一基本原则，其含义是当理想要素满足最小条件的要求时，被测实际单一要素相对理想要素的最大变动量为最小，这个最小值为该工件形状误差的评定值。按最小条件的要求，用最小包容区域法来评定形状误差值。最小包容区域是指一个形状与相应公差带的形状相同，并能包容被测实际要素且具有最小宽度或直径的区域。最小宽度或直径即为形状误差值。

1. 直线度误差的评定

为了判别被测实际要素是否在最小包容区域内，应按最小包容区域判别准则判断。直线度误差的最小包容区域判别准则为相间准则，如图 3 - 1 所示。当两平行直线与被测实际直线 S 接触时，被测实际直线 S 上至少有 3 个点与这两条平行直线接触且接触点呈现高低相间状态，即上平行直线至少通过 S 上的两个（或一个）最高点，下平行直线至少通过 S 上的一个（或两个）最低点，此时理想要素符合最小条件要求，这两条平行直线之间的区域 C 为最小包容区域，该区域两平行直线的距离 f_{MZ} 即为直线度误差值。

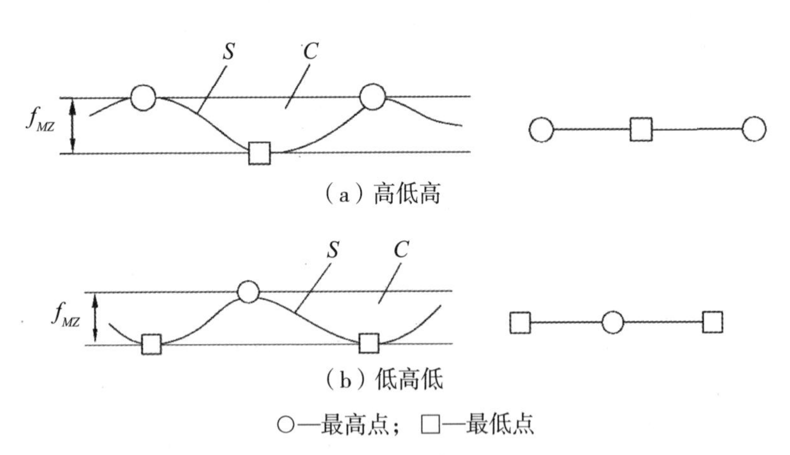

图 3 - 1　直线度误差的最小包容区域判别准则（相间准则）示意图

直线度误差还可以通过两端点连线法评定。如图 3 - 2 所示，被测实际直线 S 上首尾两点 B、E 的连线 l_{BE} 为理想要素，高点 $h_{\max}$ 与低点 $h_{\min}$ 的纵坐标的差值即为直线度误差。

2. 平面度误差的评定

用各种不同方法测得的平面度值，需要选择合适的评定准则并采用相应的方法进行数据处理，来判定被测平面是否合格。可选择的评定方法有最小包容区域法、对角线平面法、三远点平面法。

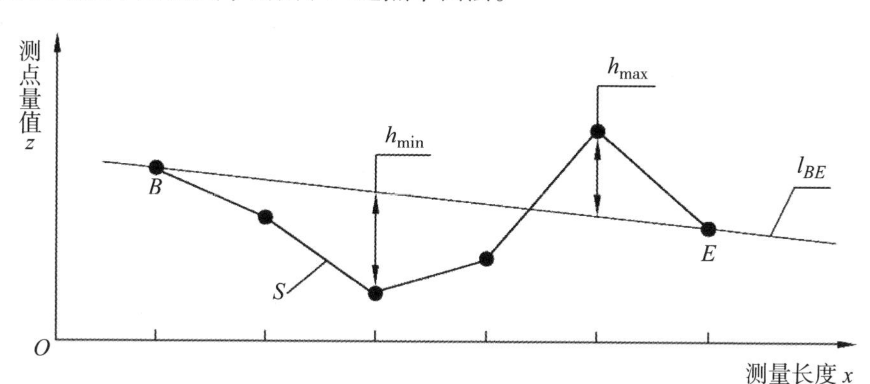

图 3－2　两端点连线法评定直线度误差①

（1）最小包容区域法评定。

平面度误差的最小包容区域判别准则为三角形准则、交叉准则和直线准则。当两平行平面与被测实际平面 S 接触时，被测实际平面 S 上至少有 4 个极点与这两个平行平面接触，接触点投影在一个面上呈现三角形，且满足三高夹一低或三低夹一高，如图 3－3（a）所示，则符合三角形准则；如果接触点投影在一个面上呈交叉形，如图 3－3（b）所示，则符合交叉准则；如果接触点投影在一个面上呈现一条直线，且满足两高夹一低或两低夹一高，如图 3－3（c）所示，则符合直线准则。无论是满足三角形准则、交叉准则，还是满足直线准则，这两平行平面之间的区域 U 即为最小包容区域，两平行平面的距离 f_{MZ} 为平面度误差值。

（2）对角线平面法评定。

通过被测实际表面的一条对角线作另一条对角线的平行平面并以此作为评定基准。以各测点对此评定基准的最大偏离值与最小偏离值之差作为平面度误差值。当测点在对角线平面上方时，偏离值为正值；当测点在对角线平面下方时，偏离值为负值。

（3）三远点平面法评定。

用被测实际表面上相距最远且不在同一直线上的三个点建立的平面作为评定基准。以各测点对此评定基准的最大偏离值与最小偏离值之差作为平面

① 高丽，于涛，杨俊茹．互换性与测量技术基础［M］．北京：北京理工大学出版社，2018.

度误差值。当测点在三远点平面上方时，偏离值为正值。当测点在三远点平面下方时，偏离值为负值。

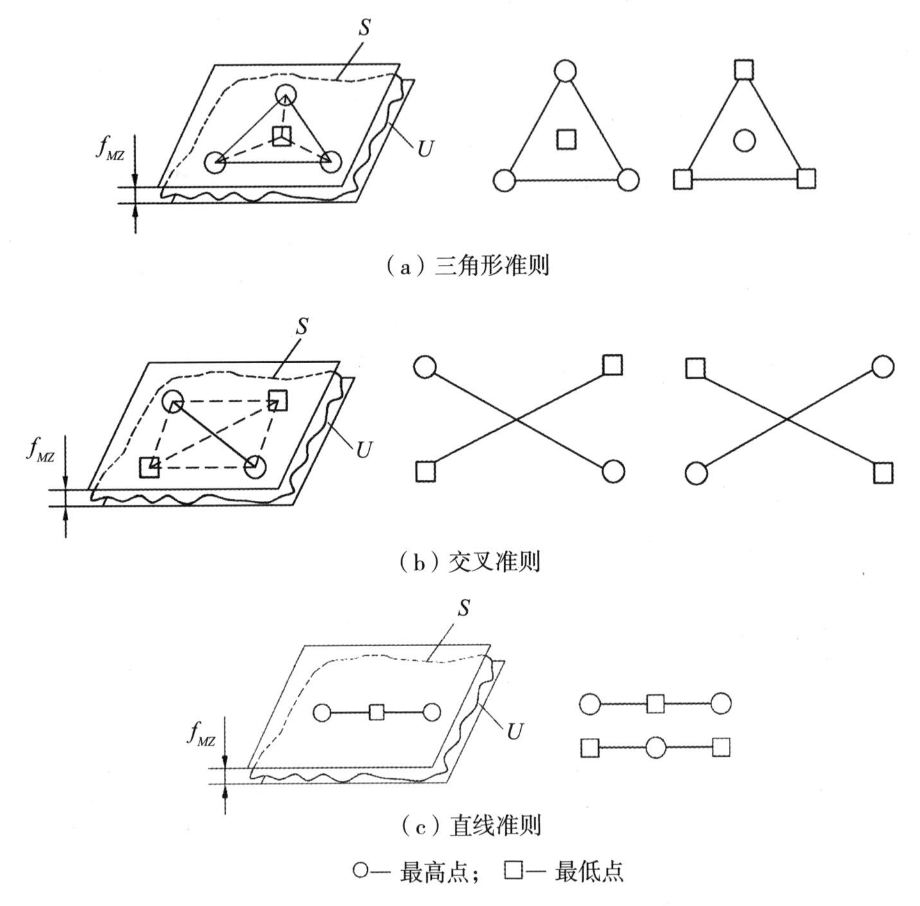

图 3 –3　平面度误差的最小包容区域判别准则示意图①

3. 圆度误差的评定

圆度误差的最小包容区域判别准则为交叉准则。如图 3 –4 所示，当两个同心圆与被测实际圆 S 接触时，被测实际圆 S 上至少有 4 个极点内、外相间地与这两个同心圆接触（至少有 2 个内极点与内圆接触，至少有 2 个外极点与外圆接触），则这两个同心圆之间的区域 U 为最小包容区域，这两个同心圆的半径差 f_{MZ} 为圆度误差值。

---

① 高丽，于涛，杨俊茹. 互换性与测量技术基础［M］. 北京：北京理工大学出版社，2018.

圆度误差评定还可以通过最小包容区域法、最大内接圆法、最小外接圆法和最小二乘圆法来评定。

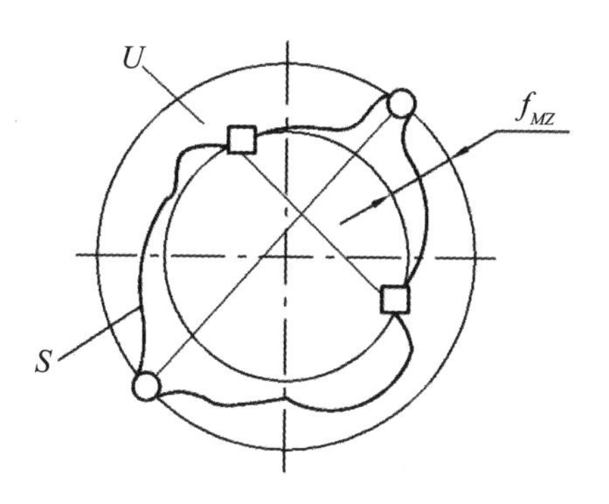

○—外极点；□—内极点

图 3－4 圆度误差的评定示意图①

3.3 位置误差及其评定

位置误差分为定向误差和定位误差。

（1）定向误差的评定。

定向误差是指关联被测实际要素相对其具有确定方向的理想要素的变动量，理想要素的方向由基准确定。定向误差值按照定向最小包容区域的宽度或直径表示。

（2）定位误差的评定。

定位误差是指关联被测实际要素相对其具有确定位置的理想要素的变动量，理想要素的位置由基准和理论正确尺寸确定。定位误差值按照定位最小包容区域法来评定，定位最小包容区域是一个形状与相应公差带的形状相同，并能包容被测实际要素且具有最小宽度或直径的区域，该最小宽度或直径即为定位误差值。

① 刘宁，陈云，周杰．互换性与技术测量基础［M］．北京：国防工业出版社，2013.

3.4 跳动误差及其评定

圆跳动是被测实际要素绕基准轴线在无轴向移动的前提下旋转一周时，任一测量面的最大变动量，即最大跳动量与最小跳动量之差。若该横截面的最大读数和最小读数分别是 a_{max} 和 a_{min}，则该横截面内圆跳动的误差为 $f_{↗} = a_{max} - a_{min}$，用同样方法测量 n 个横截面上的圆跳动，选取最大值即为该零件圆跳动误差。若圆跳动误差（$f_{↗}$）≤圆跳动公差（$t_{↗}$），则为合格。

全跳动是被测实际要素绕基准轴线在无轴向移动的前提下旋转，同时指示表沿基准轴线平行或垂直的方向连续移动时在整个表面上的最大变动量，即最大跳动量与最小跳动量之差，则指示表的最大读数差为全跳动误差 $f_{⌰}$。若全跳动误差（$f_{⌰}$）≤全跳动公差（$t_{⌰}$），则为合格。

3.5 实验

实验 3.1 光学合像水平仪测量直线度

1. 实验目的

（1）了解光学合像水平仪的结构与测量原理。

（2）掌握光学合像水平仪测量直线度误差的操作步骤。

2. 实验内容

本实验用光学合像水平仪测量机床导轨的直线度误差，属于间接测量，理想要素是水平线。由于被测实际表面存在着直线度误差，将光学合像水平仪置于不同的被测部位时，其倾斜角度就会发生改变。如果跨距（相邻两测点的距离）一经确定，这个变化的倾斜角度与被测相邻两点的高低差就有一定的对应关系。测量时，首先，依次测出被测线各分段的斜率变化。其次，通过作图画出被测线的近似轮廓折线，或通过计算得出各测点的坐标值。最后，按最小包容区域法来确定相应的直线度误差。

3. 实验设备

常用的小角度仪有水平仪（钳工、框式、光学合像水平仪、电子水平仪）和自准直仪两种。本实验用到的设备有光学合像水平仪、桥板、被测导轨。

光学合像水平仪主要应用于测量平面水平方向的微小倾斜角，常用于测量导轨的直线度、平板的平面度和设备安装位置的正确性等。它因具有测量准确、效率高、价格便宜、携带方便等特点，在直线度误差的检测中得到了广泛应用。光学合像水平仪的基本参数如下所示。

（1）示值范围：±5mm。

（2）分度值：0.01mm/m。

（3）跨距：165mm。

光学合像水平仪主要由杠杆、放大镜、棱镜、水准器、测微鼓轮、测微螺杆等组成，如图 3－5 所示。

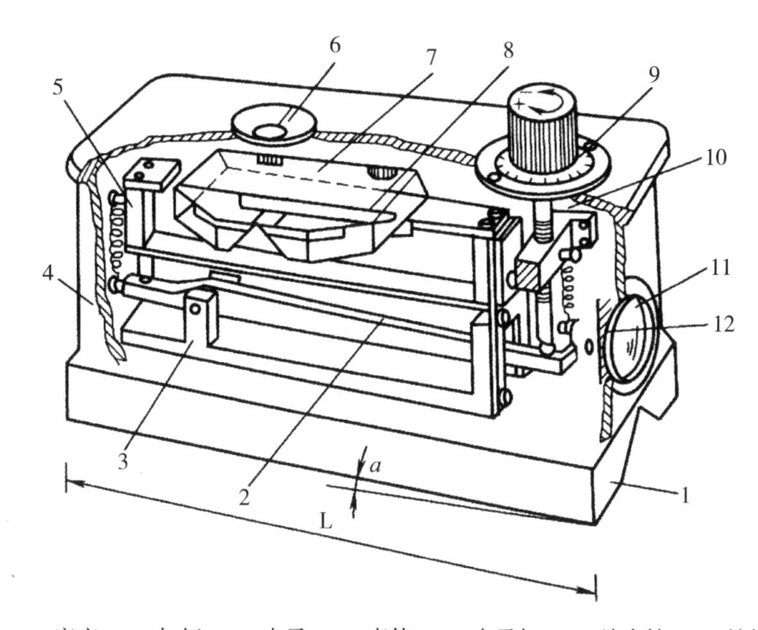

1—底座；2—杠杆；3—支承；4—壳体；5—支承架；6—放大镜；7—棱镜；8—水准器；9—测微鼓轮；10—测微螺杆；11—毫米刻度；12—刻度尺

图 3－5　光学合像水平仪结构图①

4. 实验原理

如图 3－5 所示，水准器 8 是一个密封的玻璃管，管内注入精馏乙醚，并留有一定量的空气，以形成水泡。从放大镜 6 中观察，水准器 8 中水泡的两

① 王樑，王俊昌，王晓晶．互换性与测量技术［M］．成都：电子科技大学出版社，2016.

端经过棱镜 7 反射的两半影像，利用杠杆 2、测微螺杆 10 等传动机构进行读数。测量时，将承载光学合像水平仪的桥板放于被测导轨上。当光学合像水平仪相对自然水平面没有倾斜时，水准器 8 处于水平位置，水泡两边是对称的，因此，从放大镜 6 中看到的两半影像是相合的，如图 3 - 6（a）所示。当光学合像水平仪产生倾斜时，水泡不在水准器 8 的中央，因此，从放大镜 6 中看到的两半影像是错开的，产生偏移量 Δ，如图 3 - 6（b）所示。

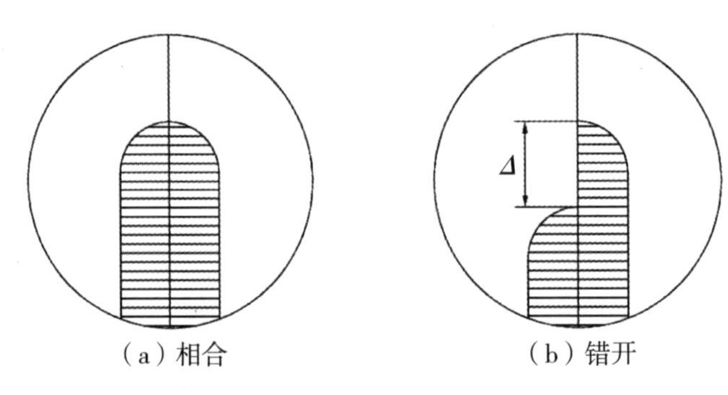

（a）相合　　（b）错开

图 3 - 6　水泡的两半影像示意图①

为了确定偏移量 Δ，旋转测微鼓轮 9 带动测微螺杆 10 转动，使水准器 8 恢复到水平位置，此时，水泡返回到棱镜 7 两边的对称位置上，从放大镜 6 中观察到水泡的两半影像重合，如图 3 - 6（a）所示。根据光学合像水平仪的测量原理，可推导出测微鼓轮 9 转动的格数 a、桥板跨距 L 与桥板两端相对水平线的高度差 h 之间的关系为

$$h = iLa$$

式中，h——被测实际表面相邻两点高度差；

i——光学合像水平仪分度值（0.01mm/m）；

L——桥板跨距（mm）；

a——转动格数（用格数来计数）。

光学合像水平仪进行读数时，应先从毫米刻度 11 上读整数，再从测微鼓轮 9 上读小数。当转动测微鼓轮 9 旋转一圈（100 格）时，测微螺杆 10 带动毫米刻度 11 移动 1mm，所以，测微鼓轮上每一格代表仪器在 1m 长度上高度

① 葛为民，朱定见．互换性与测量技术实验指导［M］.3 版．大连：大连理工大学出版社，2019.

差为0.01mm。例如：毫米刻度指标所指刻度是4mm多一点，测微鼓轮上刻度为25.6格（0.256mm，最后一位为估读），则光学合像水平仪的读数值为4.256mm。但在实验中记录的是格数值，即将数据记录在实验表格中应为425.6格。

5. 实验步骤

（1）准备工作。

将被测导轨用汽油擦洗干净，根据桥板跨距选择分段长度 L 并将被测导轨分成 n 个相邻的测量段。将分度值为0.01mm/m的光学合像水平仪放在桥板中间，并将桥板放置在被测导轨上，放置时应使桥板的中心线与被测导轨的中心线对齐。

（2）进行测量。

按分段（桥板跨距）从起点至终点依次测量，如图3－7所示。测量时要注意，每次移动桥板必须将后支点放在前支点处，记下相对测量值。为提高测量准确度，从终点至起点再次进行回测。回测时，不允许将光学合像水平仪调头。取各测点两次读数的平均值作为测点的测量值。

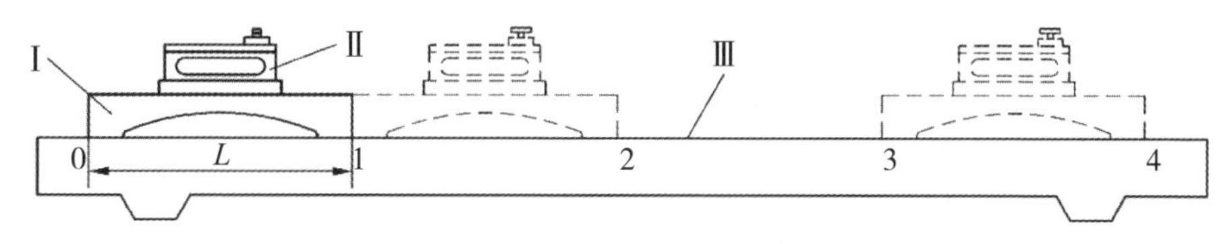

Ⅰ—桥板；Ⅱ—光学合像水平仪；Ⅲ—被测导轨；L—桥板跨距

图3－7　光学合像水平仪测量直线度误差示意图①

（3）数据处理。

将测量值依次填入实验记录中，并进行数据处理。为了作图和计算方便，需要对各测点平均值进行简化。首先选取一个合适的简化基数，其次将各测点平均值减去简化基数得到简化读数，最后计算各测点简化读数的累计值并在坐标系的对应位置标出。

① 王檪，王俊昌，王晓晶．互换性与测量技术［M］．成都：电子科技大学出版社，2016.

（4）直线度误差计算及评定。

按照最小包容区域法来确定直线度误差并进行合格性判断。

6. 例题

用光学合像水平仪测量长度为 1000mm 的平面导轨在垂直面内的直线度误差。选用桥板跨距 $L=165\text{mm}$（光学合像水平仪底座长度为桥板跨距），测得的数据列入表 3－2 中。

表 3－2　　例题（简化基数 $a=25$ 格）

类别	数据					
测点编号 i	0	1	2	3	4	5
顺测读数 b_i	—	27.5	27.9	25.2	23.2	25.7
回测读数 b_i'	—	25.5	28.0	25.1	22.7	27.3
平均值 b_i''	—	26.5	27.95	25.15	22.95	26.5
简化读数 $a_i=b_i''-a$	0	+1.5	+2.95	+0.15	−2.05	+1.5
简化读数累计值 $\sum_{n=1}^{i} a_i$	0	+1.5	+4.45	+4.6	+2.55	+4.05

在坐标纸上以横坐标 x 代表测点编号或跨距长度（mm），纵坐标 y 代表各测点的简化读数累计值。做出被测导轨中间线的近似轮廓曲线，如图 3－8 所示。

根据 GB/T 1958—2004 的规定，形状误差指被测实际单一要素的形状对其理想要素的形状变动量，理想要素的位置应符合最小条件。因此进行数据处理时，应采用最小包容区域法。由图 3－8 看出，B_2点为高点，B_0、B_4两点为低点。过 B_0、B_4连一直线，过 B_2作另一直线与之平行，这两条平行线之间的区域即为最小包容区域。

根据最小包容区域法，两平行直线包容被测实际直线时，三个接触点的位置应符合“两高夹一低”（高—低—高）或“两低夹一高”（低—高—低）的相间准则。这样，两个平行理想直线间的距离 f_i 为被测实际表面实际线的直

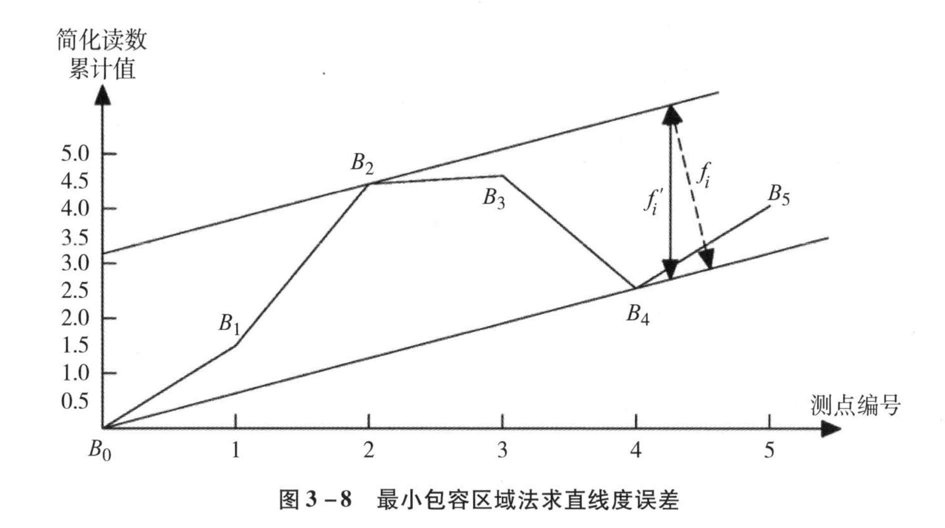

图 3－8 最小包容区域法求直线度误差

线度误差（由于f'_i和f_i之间的角度很小，为方便计算可以忽略不计，近似认为$f'_i \approx f_i$）。则被测导轨的直线度误差f_{-} 按下式计算。

$$f_{-} = iLf'_i$$

式中，i——光学合像水平仪分度值（0.01mm/m）；

L——桥板跨距（mm）。

7. 实验前自测题

（1）本实验的仪器名称为________，用到的测量方法是________。

（2）回测时，光学合像水平仪的方向要注意________。

（3）被测导轨的直线度误差值f_{-} 的计算公式为________。

8. 实验后思考题

判别直线度误差最小包容区域的准则有哪些？

实验 3.2 自准直仪测量导轨直线度

1. 实验目的

（1）了解自准直仪的结构与测量原理。

（2）掌握自准直仪测量直线度的操作步骤。

（3）学会直线度误差的评定方法，并对测量结果作出合格性判断。

2. 实验内容

本实验用自准直仪测量导轨直线度误差，属于间接测量，理想要素是自准直仪的光束。由于被测导轨存在着直线度误差，将被测实际要素与自准直仪发出的平行光束相比较，就会有斜率的变化。测量时依次测出被测实际线各分段的斜率变化，通过作图画出被测实际线的近似轮廓折线，或通过计算得出各测点的坐标值，然后按最小包容区域法来确定相应的直线度误差。

3. 实验设备

本实验用到的设备有1×5双向精密自准直仪、仪器导轨、调整基座、移动垫铁。自准直仪可对机床、仪器的精密导轨和精密平板作直线度和平面度测量，其特点是使用方便、测量稳定可靠。1×5双向精密自准直仪由大反射镜、仪器大物镜、仪器主体、观察目镜、读数手轮、照明灯、变压器组成，如图3-9所示，主要技术规格如下。

（1）测量距离（被测长度）：0~10m。

（2）示值范围：±500″。

（3）分度值：1″或0.0005mm/m。

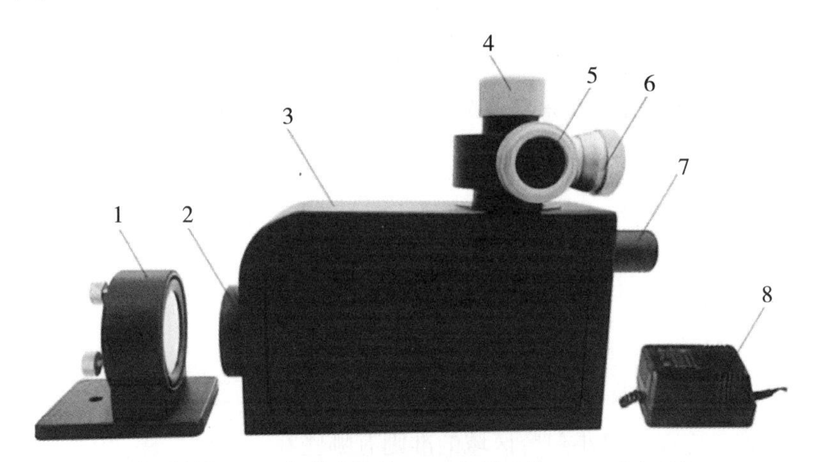

1—大反射镜；2—仪器大物镜；3—仪器主体；4—观察目镜；
5—读数手轮（一）；6—读数手轮（二）；7—照明灯；8—变压器

图3-9　1×5双向精密自准直仪①

4. 实验原理

由自准直仪的光学系统图（见图3-10）可知，光源6发出的光线穿过滤光片7照亮了十字分划板5上的十字影像，并通过立方棱镜8及物镜9形成平

① 资料来源：上海颀高仪器有限公司的《1×5双向精密自准直仪说明书》。

行光束，投射到机床导轨的平面反射镜 10 上，反射回来的光线穿过物镜 9，投射到立方棱镜 8 的半透明膜上，向上反射聚焦成像在可动分划板 3 和固定分划板 4 上。此时，由于分划板 3、4 都位于目镜 2 的焦平面上，所以在目镜视场中可以同时看到可动分划板 3 上指示线、固定分划板 4 上刻度线及十字分划板 5 上十字刻线的影像重叠。

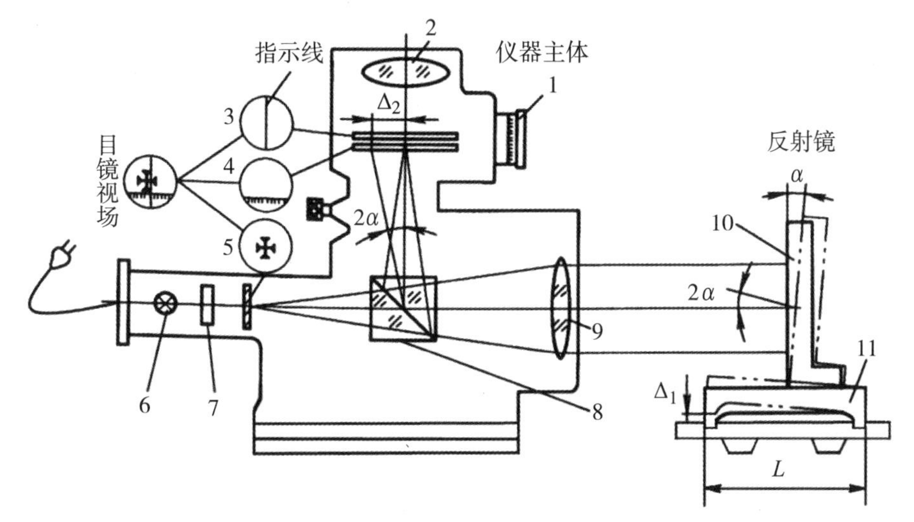

1—鼓轮；2—目镜；3—可动分划板；4—固定分划板；5—十字分划板；6—光源；7—滤光片；8—立方棱镜；9—物镜；10—平面反射镜；11—桥板

图 3－10　自准直仪的光学系统图①

当平面反射镜 10 的镜面与主光轴垂直时，光线经过平面反射镜 10 后沿原光路返回，此时，可动分划板 3 上的指示线与十字分划板 5 上的十字影像的中心正好对准。

当平面反射镜 10 倾斜并与主光轴成 α 角时，桥板 11 与平台两接触点相对主光轴的高度差为 Δ_1，此时，反射光线与主光轴成 2α 角。因此穿过物镜 9 后，在固定分划板 4 上所成十字像偏离了中间位置，产生一个偏移量，此偏移量与 α 有一定关系，α 的大小可以由固定分划板 4 及鼓轮 1 的读数确定。

鼓轮上一共有 100 小格，鼓轮每转一周，可动分划板 3 上的指示线在视场内移动 1 格，所以视场内的 1 格等于鼓轮上的 100 小格。读数时应将视场内

① 马惠萍．互换性与测量技术基础案例教程［M］. 2 版．北京：机械工业出版社，2019.

读数与鼓轮上的读数结合起来。自准直仪的角分度值为1″，即每小格代表1″，故可读出倾斜角 α 的角度值。为了能直接读出桥板与平台两接触点相对主光轴的高度差 Δ_1 的数值，可将格值用线值表示。如图3-10所示，$\Delta_1 = L\tan\alpha$，当 α 为1″且桥板跨距为100mm时，则线分度值恰好为0.0005mm（即 $100\text{mm} \times \tan1'' = 0.0005\text{mm}$）。

当用自准直仪测量导轨直线度误差时，将被测工件的全长分成若干等份（分段长度约为全长的1/15～1/10，或根据实际需要确定），按该分段的长度制作一个移动垫铁，将自准直仪的反射镜固定安装在移动垫铁上，如图3-11所示，将装有反射镜的移动垫铁首尾相接地进行测量。根据读数记录，用图解法（或计算法）按最小包容区域法（也可按两端点连线法）计算出直线度误差。

5. 实验步骤

如图3-11所示，自准直仪2是固定在调整基座1上的，通过移动带有反射镜3的移动垫铁4进行测量。

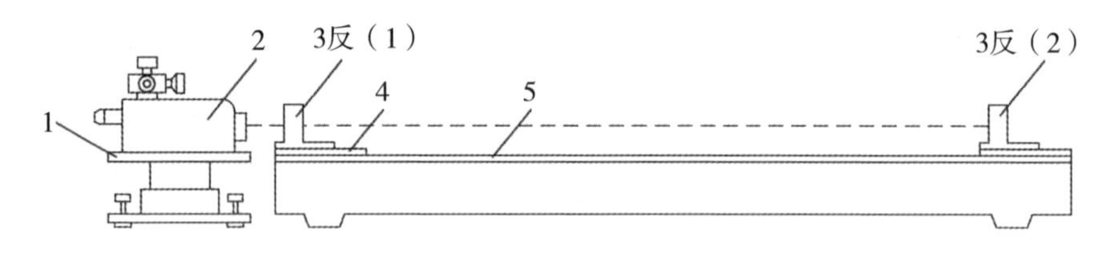

1—调整基座；2—自准直仪（平直仪）；3反（1、2）—反射镜；
4—移动垫铁；5—被测导轨

图3-11　直线度误差测量示意图①

（1）将自准直仪2和移动垫铁4均放置在被测导轨的一端，接通自准直仪电源后，左右微微转动反射镜3，使镜面与自准直仪光轴垂直，此时从自准直仪目镜中能看到镜面反射回来的“十”字亮带，旋转鼓轮，使可动分划板上的垂直刻线与“十”字亮带的水平亮带中间重合，并读出鼓轮读数（即第1个测点位置上读数 a_1 就是1点相对0点的高度差值）。

（2）将移动垫铁顺次移动到2，3，…，n，并重复上述操作，记下各次读数 a_2，a_3，…，a_n。

① 资料来源：上海颀高仪器有限公司的《1×5双向精密自准直仪说明书》。

（3）再将移动垫铁按 n，…，2，1 的顺序，依次回测，记下各次读数 a_n，…，a_2，a_1。若两次读数相差较大（大于 2 格），说明自准直仪在测量过程中有移动，应查明原因后重测。

（4）对测量结果进行数据处理，应将读数格值按移动垫铁的长度换算成线性值，然后进行数据处理。

（5）作出被测导轨在纵向垂直平截面上的近似轮廓线，用两端点连线法和最小包容区域法求出被测导轨在纵向垂直平截面上的直线度误差。

（6）根据测量结果和被测导轨的直线度误差，判断被测导轨的合格性。

6. 实验前自测题

（1）本实验的仪器名称为________，用到的测量方法是________。

（2）本实验的理想直线是________。

（3）评定直线度误差的方法有________和________。

（4）角分度值与线分度值的关系为________。

7. 实验后思考题

（1）试将本实验得到的直线度误差曲线，分别用两端点连线法和最小包容区域法来求解，并分析所得的直线度误差哪一种大？哪一种更合理？为什么？

（2）为什么是以包容直线之间沿纵坐标方向的距离作为直线度误差，而不是两包容直线之间的垂直距离？

实验 3.3　平面度误差测量

1. 实验目的

（1）了解千分表的结构，并熟悉使用它测量平面度误差的方法。

（2）分析按最小包容区域法、对角线平面法和三远点平面法评定平面度误差的区别。

（3）学会用最小包容区域法评定平面度误差及处理测量数据的方法。

2. 实验内容

本实验利用千分表来测量平板的平面度误差，属于间接测量法。通过测量被测实际表面上若干点相对理想平面的高度差或倾斜角，并经数据处理后，求得其平面度误差值。常见的测量平面度误差的仪器还有光学平晶、水平仪、自准直仪等。

3. 实验设备

本实验用到的设备有基准平板、千分表、可调支撑、被测平板。千分表常用在生产中检测长度尺寸、几何误差，调整设备或装夹校正工件，也用来作为各种检测夹具及专用量仪的读数装置等。千分表的分度值为0.001mm。

4. 实验原理

平面度误差是指被测实际表面对其理想平面的变动量。评定平面度误差的方法有最小包容区域法、对角线平面法和三远点平面法。本实验采用最小包容区域法来评定被测平板的平面度误差，在判别准则的选择上应根据数据处理的结果来定，数据处理后若能满足三角形准则、交叉准则、直线准则之一，则得到最小包容区域。

将被测平板3用可调支撑4安放在基准平板2上，如图3-12所示，以基准平板为测量基面，按三点支撑（或四点支撑）调整被测平板与基准平板平行。测量前先要对平面进行布点，然后用千分表沿被测实际表面逐点进行测量。在测量时，先测得各测点数据，然后按要求进行数据处理，求出平面度误差。

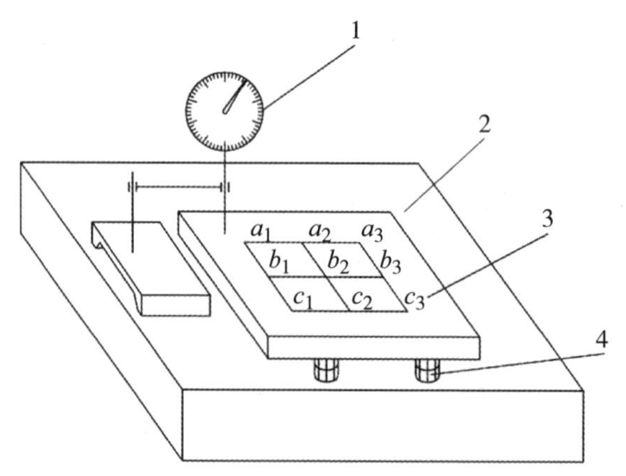

1—千分表架；2—基准平板；3—被测平板；4—可调支撑

图3-12 用千分表测量平面度误差示意图①

通常采用的布点方法有三种，如图3-13所示，图（a）和图（b）常用于千分表、水平仪等测量，图（c）的布点常用于自准直仪测量平板。测量按

① 王樑，王俊昌，王晓晶．互换性与测量技术［M］．成都：电子科技大学出版社，2016.

图中箭头所示的方向依次进行，最外侧的测点应距工作面边缘 5 ~ 10mm。

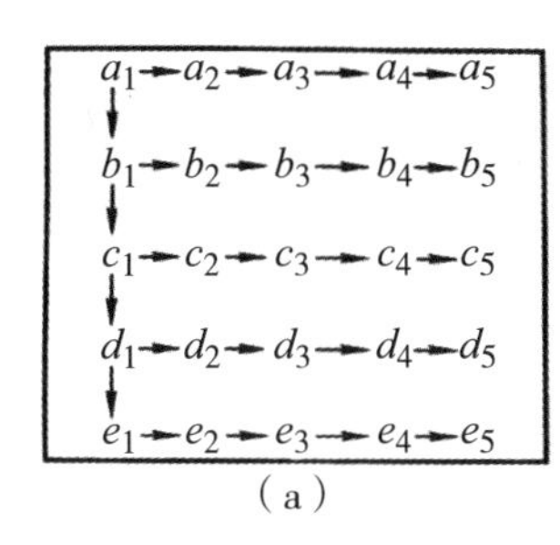

(a)

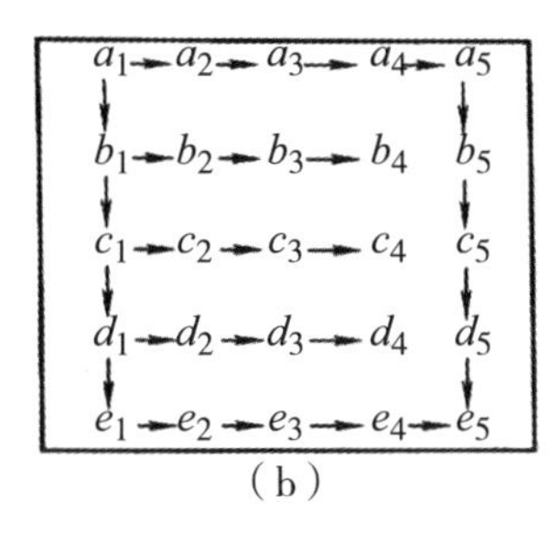

(b)

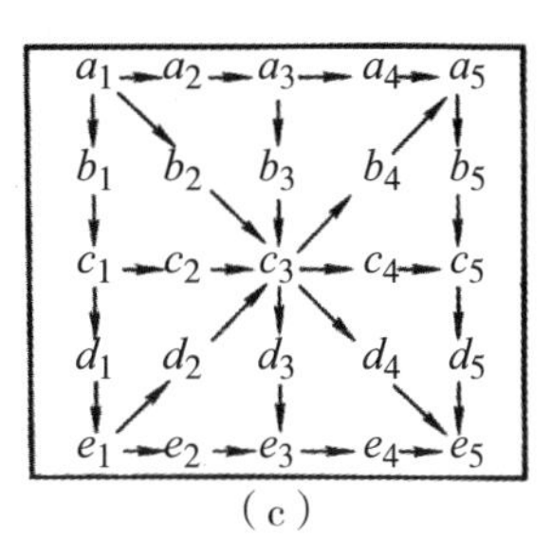

(c)

图 3－13　测量平面度误差布点方法图①

5. 实验步骤

（1）被测平板布点。

按选定的布点方式，在被测平板上标出各测点的位置，如图 3－13 所示。

（2）调整被测平板与基准平板平行。

将被测平板用三个或四个可调支撑支撑在基准平板上，放置于相距被测平板最远的位置上。将千分表架垂直放置于基准平板的工作面上，调整可调支撑的高度并用千分表测量被测平板上这三个点或四个点，使这几个点距离基准平板工作面的高度大致相等，也就意味着被测平板与基准平板平行。

（3）逐点测量。

移动千分表架，逐点测量各测点相对于某一测点的高度差，同时记录示值。

（4）数据处理。

运用坐标变换法对各测点读数进行处理，根据处理后的数据选取最小包容区域判别准则，评定平面度误差，并作合格性判断。

6. 实验数据处理

（1）实验数据处理。

本实验通过千分表测量被测平板上标出的各测点，采用坐标变换法进行数据处理。用千分表测量平面度误差时，读数的差值表示被测两点的高度差，

① 王樑，王俊昌，王晓晶．互换性与测量技术［M］．成都：电子科技大学出版社，2016.

在不同的测点，测量基准是不同的，故必须将所有读数统一到同一测量基准上才能评定平面度的误差值。

①根据测点数据，初步判断被测实际表面的类型，拟定最高点和最低点。

②选定旋转轴的位置，找出基准平面，假想旋转和升降被测实际表面。

③不断变换被测实际表面相对基准平面的位置，并换算出各测点对基准平面的旋转量。

④进行旋转，即对各测点做坐标换算，得到新偏差值。

⑤当换算出的新偏差值符合最小包容区域法中三种判别准则之一时，其中最大偏差的绝对值，即为被测平板的平面度误差值。如果不符合三种判别准则，则应重新拟定最高点和最低点，重复上述步骤。

（2）举例说明。

选取第一行横测量线为 x 轴，第一条纵测量线为 y 轴，第一个测点 a_1 为原点 O，将 Oxy 平面确定为基准平面。以 x 轴和 y 轴作为旋转轴，假想旋转和升降被测实际表面，设绕 x 轴旋转的单位旋转量为 y，绕 y 轴旋转的单位旋转量为 x，换算出各测点对基准平面的旋转量，各测点的原坐标值加上综合旋转量是坐标变换后的值。图 3 – 14 所示为按 3 ×3 布点的坐标变换示例，布点数不同则作出相应的调整。

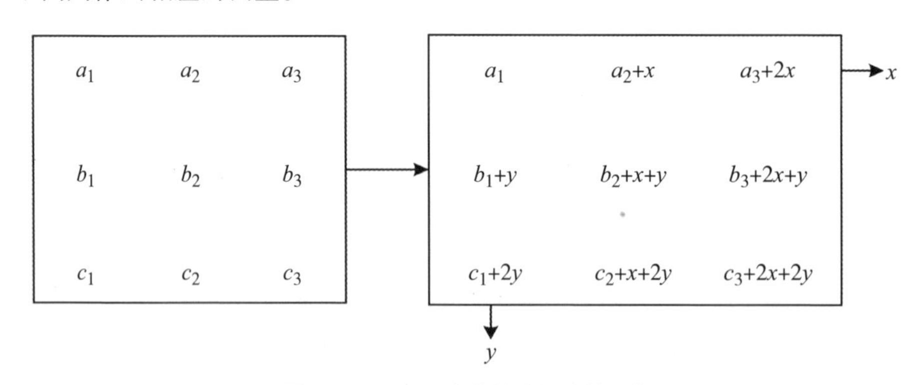

图 3 – 14　3 ×3 布点的坐标变换示例

具体来说，按照图 3 – 13（a）所示的方法进行布点并逐一测量各测点相对于某一测点的高度差，假设千分表对 9 个测点测得的数值如图 3 – 15（a）所示。分析这 9 个测点的数据，估计被测实际表面呈现中间凸出形状，按照最小包容区域法的三角形准则，初定 b_2 为极高点，a_1、c_2、b_3 为三个最低点。

假设按 x 轴和 y 轴旋转被测实际表面，得到各测点旋转后的算式，如图

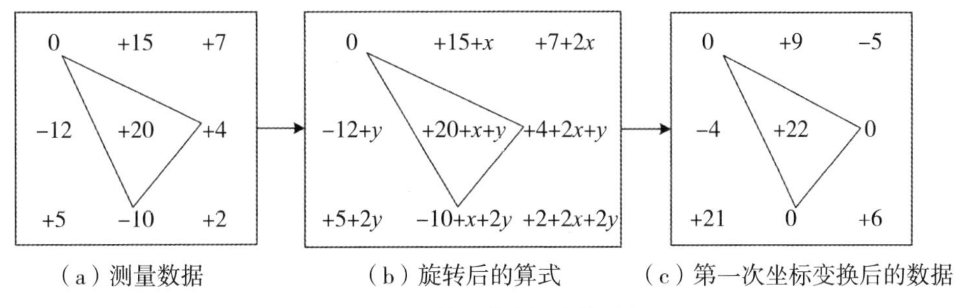

（a）测量数据　（b）旋转后的算式　（c）第一次坐标变换后的数据

图3－15　第一次坐标变换过程

3－15（b）所示，要使这三个最低点 a_1、c_2、b_3 旋转后等值，得出下列关系式。

$$0 = -10 + x + 2y = +4 + 2x + y$$

经求解，得到绕 y 轴和 x 轴旋转的单位旋转量分别为（正、负号表示旋转方向）

$$\begin{cases} x = -6 \\ y = 8 \end{cases}$$

把 x、y 的值代入图3－15（b），得到图3－15（c）。由图3－15（c）的数据看出，a_1、c_2、b_3 三点不是最低点。因此，在第一次坐标变换的基础上进行第二次坐标变换，重新估计 b_1、c_2、a_3 三点是三个最低点，如图3－16（a）所示。

各测点旋转后的算式，如图3－16（b）所示，欲使这三个最低点 b_1、c_2、a_3 旋转后等值，得出下列关系式。

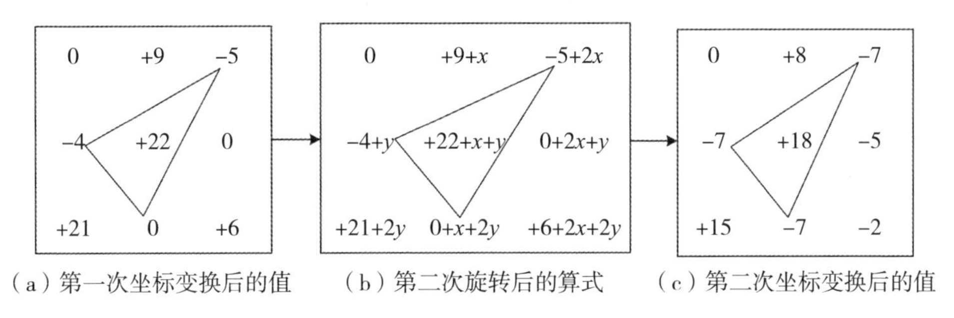

（a）第一次坐标变换后的值　（b）第二次旋转后的算式　（c）第二次坐标变换后的值

图3－16　第二次坐标变换过程

$$-4+y=0+x+2y=-5+2x$$

经求解，第二次坐标变换后，得到绕 y 轴和 x 轴旋转的单位旋转量分别为

$$\begin{cases} x=-1 \\ y=-3 \end{cases}$$

把 x、y 的值代入图 3－16（b），得到第二次坐标变换后的数据，如图 3－16（c）。此时，b_1、c_2、a_3 为最低点，b_2 为最高点，符合三角形判别准则，被测实际表面的平面度误差值为最高点坐标与最低点坐标的差值，即

$$f_{MZ}=18-(-7)=25\mu m$$

7. 实验前自测题

（1）本实验的仪器名称为________，用到的测量方法是________。

（2）本实验的理想平面是________。

（3）平面度误差评定的方法有________、________和________。

（4）本实验中按最小包容区域法评定平面度误差时，进行了多次坐标变换，直到符合___________准则为止。

8. 实验后思考题

（1）按最小包容区域法、对角线平面法、三远点平面法评定平面度误差各有什么特点？

（2）如果本实验改用光学合像水平仪测量，数据处理有什么不同？

实验 3.4 圆度误差测量

1. 实验目的

（1）了解光学分度头的结构并熟悉其使用方法。

（2）掌握半径变化量测量法及相应的测量数据处理方法。

（3）学会用最小包容区域法和最小二乘圆法来评定圆度误差值，并对测量结果作出合格性判断。

2. 实验内容

圆度误差是指回转体工件同一正截面内，被测实际轮廓圆对其理想圆的变动量。本实验用光学分度头测量圆度误差，属于半径变化量测量法。被测轴旋转一周，每隔 10°、15°或 30°记录一次被测实际轮廓圆上半径的变化量，按照最小包容区域法、最大内接圆法、最小外接圆法、最小二乘圆法中的一

种进行数据处理，并按相应要求来评定圆度误差。

3. 实验设备

本实验用到的实验设备是光学分度头、被测工件。光学分度头是一种通用光学量仪，应用十分广泛。其特点是具有分度装置，能达到较高的精度，此外，光学分度头还带有千分表、定位器等多种附件，可用于测量角度。光学分度头的分度值多以秒计。本实验测量圆度误差，对回转角度的精度要求不高，故采用分度值为1′的光学分度头。

光学分度头由分度座4、尾座12、底座1等组成，如图3－17所示。分度座的主轴内装有玻璃刻度盘（在分度座4内部），在刻度盘的圆周上刻有360条刻度线。从读数装置5可以看到玻璃刻度盘的刻度并读出主轴回转的角度。尾座12可以沿底座1的导向槽移动，尾座顶尖可以在其套筒中移动。

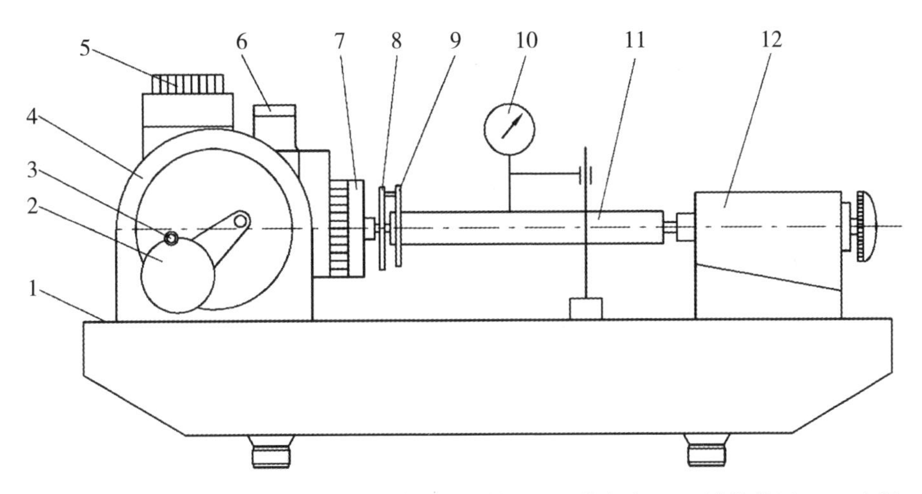

1—底座；2—主轴回转手柄；3—主轴微转手柄；4—分度座；5—读数装置；6—光源；7—活动度盘；8—拨杆；9—夹头；10—千分表；11—被测工件；12—尾座

图3－17　用光学分度头测量圆度误差的示意图①

4. 实验原理

测量时，以分度座主轴的回转轴线作为测量基准。将被测工件11安装在主轴顶尖和尾座顶尖之间，然后，将千分表10的测杆垂直于被测工件的轴线，且测头与被测工件的最高点接触，光学分度头外有一个活动度盘，在度

① 王樑，王俊昌，王晓晶．互换性与测量技术［M］．成都：电子科技大学出版社，2016.

盘的圆周上刻有360条刻线，表示一圈360°，转动主轴回转手柄2带动被测工件间歇性回转。当主轴每转过一定的角度（如10°，15°或30°）时，千分表在被测实际轮廓圆上测得相应的半径变化量。

根据从被测实际轮廓圆上测得的半径变化量（即千分表的示值），按最小包容区域法、最大内接圆法、最小外接圆法或最小二乘圆法（测量孔的轮廓时）处理测量数据，评定圆度误差值。

5. 实验步骤

（1）接通电源。

将被测工件安装在光学分度头的两顶尖之间（注意：被测工件转动自由，但要防止轴向移动）。

（2）安装千分表。

安装千分表时，使千分表的测杆垂直于被测工件的轴线，且测头与被测工件的最高点接触。

（3）测量。

将光学分度头外的活动度盘指针转至0°，记下千分表的读数，转动主轴回转手柄，观察活动度盘。光学分度头每转过30°就从千分表上读取相应的数值，主轴回转一周，共记下12个数据。

（4）数据处理。

选择合适的方法进行数据处理并求得被测实际轮廓圆的圆度误差。测量若干截面轮廓的圆度误差，取其中最大值作为被测工件的圆度误差值。将被测工件的圆度误差值与圆度公差进行比较，判断圆度误差是否合格。

6. 实验数据处理

数据处理的方法有四种，分别是最小包容区域法、最大内接圆法、最小外接圆法和最小二乘圆法，如图3－18所示。本书介绍最小包容区域法和最小二乘圆法。

（1）最小包容区域法。

最小包容区域法评定圆度误差是依据包容实际轮廓的两个半径差最小的同心圆。包容时至少有四个测量点内外相间地落在两个包容圆上。确定圆度误差的方法如下。

①简化读数。

将所测读数减去一个合适的值，使相对读数全为正值。

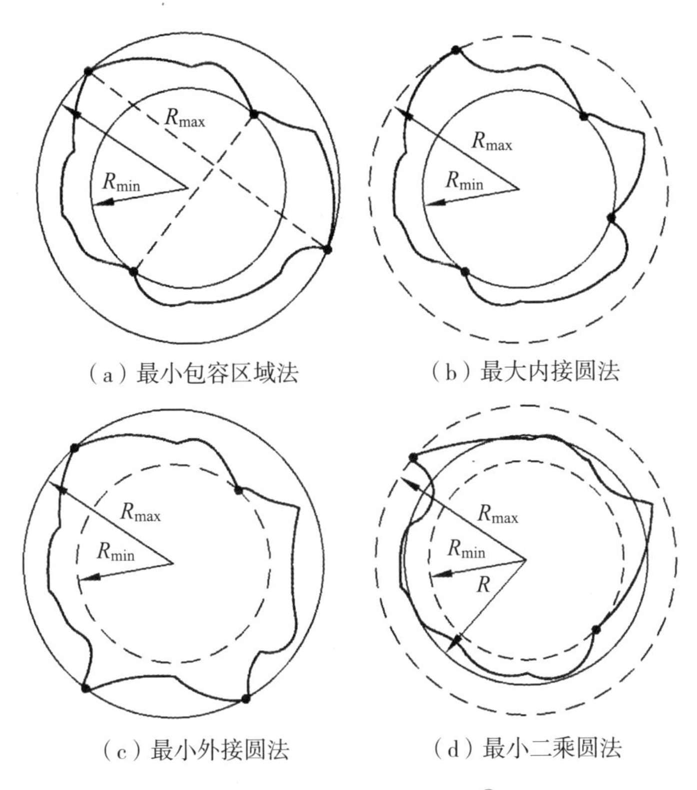

图 3－18　圆度误差评定图①

②标点。

将相对读数放大后的各数值依次标记在极坐标纸上，如图 3－19 所示。

③确定最小包容区域。

将透明的同心圆模板覆盖在极坐标图上，并在图上移动，使某两个同心圆包容标记的各个点，而且这两个圆之间的距离为最小。此时，至少有四个测量点内外相间地落在这两圆的圆周上，如图 3－19 所示，*a*、*c* 两点落在内接圆 2 上，*b*、*d* 两点落在外接圆 5 上，其余各点被包容在这两圆之间，两圆之间的距离为 3 格。两同心圆之间的区域为最小包容区域。

④确定被测实际轮廓圆的圆度误差。

根据两圆之间的距离，量出两圆的半径差 Δr，除以图形的放大倍数 M，可确定圆度误差 f_{MZ} 值。

① 马惠萍．互换性与测量技术基础案例教程［M］. 2 版．北京：机械工业出版社，2019.

$$f_{MZ} = \frac{\Delta r}{M}$$

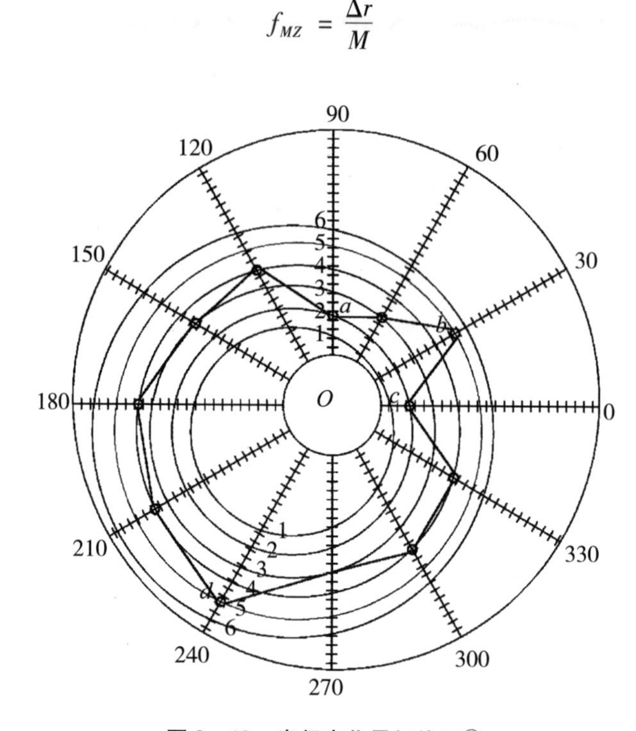

图 3－19　半径变化量折线图①

（2）最小二乘圆法。

最小二乘圆是这样的一个理想圆，它使被测实际轮廓圆上各点的测量值至它的距离的平方和最小。如图 3－20 所示，测量中心 O（分度座主轴回转轴线）为测量实际轮廓时所采用坐标系的原点。令最小二乘圆 C_4 圆心的直角坐标为 G（a，b），按极坐标测得实际轮廓上各测点的坐标 P_i（r_i，φ_i），各测点相应的直角坐标为 P_i（x_i，y_i），则最小二乘圆圆心 G 的坐标值（a，b）按下式计算。其中，$\varphi_i = i\dfrac{360°}{n}$。

$$\begin{cases} a = \dfrac{2}{n}\sum\limits_{i=1}^{n} x_i = \dfrac{2}{n}\sum\limits_{i=1}^{n} r_i\cos\varphi_i \\ b = \dfrac{2}{n}\sum\limits_{i=1}^{n} y_i = \dfrac{2}{n}\sum\limits_{i=1}^{n} r_i\sin\varphi_i \end{cases}$$

① 马惠萍．互换性与测量技术基础案例教程［M］. 2 版．北京：机械工业出版社，2019.

式中，n——测点数目；

i——测点序号。

最小二乘圆的半径 R 按下式计算。

$$R = \frac{1}{n}\sum_{i=1}^{n} r_i$$

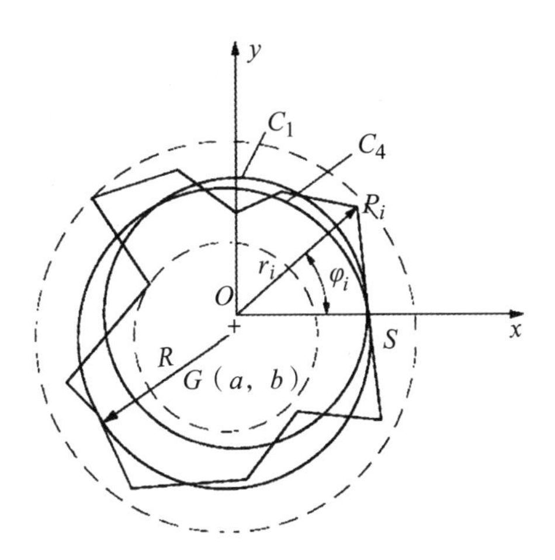

C_1—基圆；C_4—最小二乘圆；S—起始测点

图 3－20　最小二乘圆评定圆度误差值示意图①

被测实际轮廓圆上各点测量值至最小二乘圆的距离 ΔR_i，按下式计算。

$$\Delta R_i = r_i - (R + a\cos\varphi_i + b\sin\varphi_i)$$

计算时，将千分表在实际轮廓圆各测点测得的示值代入以上各个公式，就能够求解各测点至最小二乘圆的距离 ΔR_i（注意正、负号）。取其中的最大距离 $\Delta R_{\max}$ 与最小距离 $\Delta R_{\min}$ 之差 f_{LS} 作为圆度误差值，即

$$f_{LS} = \Delta R_{\max} - \Delta R_{\min}$$

7. 实验前自测题

（1）本实验的仪器名称为________，用到的测量方法是________。

（2）圆度误差评定的方法有________、________、________和________。

（3）采用最小包容区域法时，圆度误差指的是两同心圆的________。

8. 实验后思考题

（1）光学分度头的特点是什么？

① 王樑，王俊昌，王晓晶．互换性与测量技术［M］．成都：电子科技大学出版社，2016.

（2）影响圆度误差测量的因素有哪些？

实验3.5　圆跳动误差测量

1. 实验目的

（1）掌握径向圆跳动和端面圆跳动的测量方法，并加深对其概念的理解。

（2）熟悉偏摆检查仪的基本原理和操作，掌握测量数据的处理。

（3）学会圆跳动误差的测量方法，并对测量结果作出合格性判断。

2. 实验内容

根据允许变动的方向，圆跳动分为径向圆跳动、端面圆跳动和斜向圆跳动。本实验是在偏摆检查仪上，测量阶梯轴（机械零件）的径向圆跳动和端面圆跳动的误差值，并与圆跳动的公差比较，来评定阶梯轴的径向圆跳动和端面圆跳动是否合格。

3. 实验设备

本实验用到的主要设备有偏摆检查仪、百分表和阶梯轴。偏摆检查仪结构简单，操作方便，测量效率高。在偏摆检查仪顶尖的后面安装手轮，当顶尖将工件顶好后，用锁扣将顶尖锁住，再用百分表（或千分表）进行工件的精度检测。该仪器主要用于检测轴类、盘类零件的径向圆跳动和端面圆跳动。

4. 实验原理

圆跳动公差是被测实际要素某一固定参考点围绕基准轴线旋转一周时（零件和测量仪器间无轴向移动）允许的最大变动量。圆跳动公差适用于每一个不同的测量位置。如果被测工件径向圆跳动的误差小于其径向圆跳动的公差，判定被测工件径向圆跳动合格；反之，不合格。如果被测工件端面圆跳动的误差小于其端面圆跳动的公差，判定被测工件端面圆跳动合格；反之，不合格。

圆跳动测量是用指示表（百分表或千分表）来测量圆跳动，以指示表的最大和最小读数之差确定其跳动值。

在测量阶梯轴的径向圆跳动时，如图3－21所示，被测工件绕基准轴线旋转一周，指示表读数最大差值为单个测量截面上的径向圆跳动。横向移动指示表进行多个测量面的测量，以各测量面的径向跳动量中的最大值作为被测工件的径向圆跳动误差。

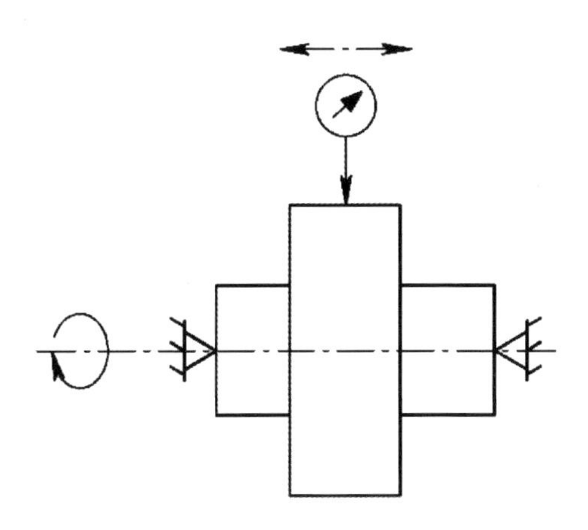

图 3－21 径向圆跳动测量示意图①

在测量阶梯轴的端面圆跳动时，如图 3－22 所示，被测工件绕基准轴线旋转一周，指示表读数最大差值为单个测量面上的端面圆跳动。纵向移动指示表进行多个测量面的测量，以各测量面的轴向跳动量中的最大值作为被测工件的端面圆跳动误差。

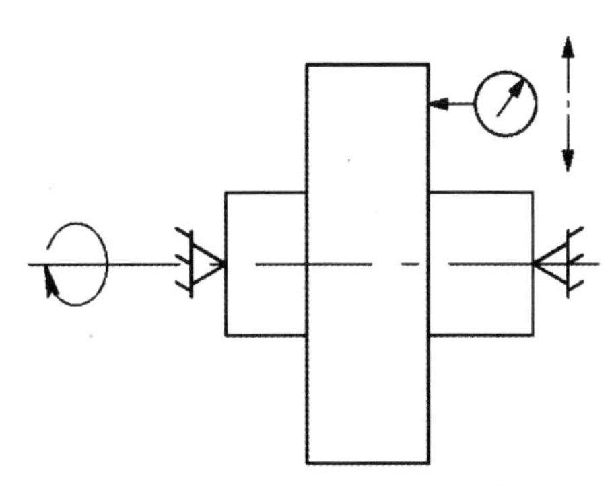

图 3－22 端面圆跳动测量示意图

5. 实验步骤

（1）阶梯轴安装。

将阶梯轴擦洗干净，安装在偏摆检查仪两顶尖之间，用锁扣将顶尖锁住，转动顶尖调试装置，使接触间隙达到最佳状态，进行测量（注意：阶梯轴转

① 马德成. 机械零件测量技术及实例［M］. 北京：化学工业出版社，2013.

动自由，但要防止轴向移动）。

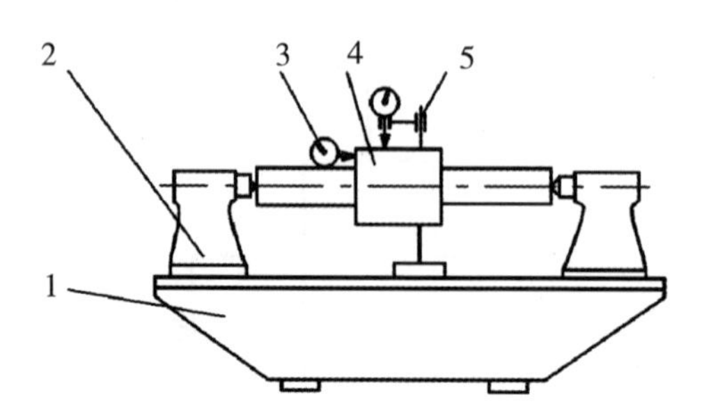

1—底座；2—偏摆检查仪；3—百分表；4—阶梯轴；5—表架

图 3－23　圆跳动的测量示意图①

（2）圆跳动的测量。

①径向圆跳动的测量。

将百分表装在表架上，调整百分表测杆，使其垂直并通过阶梯轴的轴线，测头与阶梯轴外圆表面接触，压缩百分表指针 1～2 圈，紧固表架。在阶梯轴无轴向移动的前提下旋转一周，记下最大读数与最小读数，两者之差即为该截面的径向圆跳动。横向移动百分表，按上述方法，进行多个测量面的测量。以各测量面的径向圆跳动量中的最大值作为阶梯轴的径向圆跳动误差。

②端面圆跳动的测量。

使百分表测杆与阶梯轴的轴线平行，百分表的测头与阶梯轴的端面接触并适当压缩。在阶梯轴无轴向移动的前提下旋转一周，记下最大读数与最小读数，两者之差即为该测量圆柱面上的端面圆跳动。纵向移动百分表，按上述方法，测量若干个圆柱面，取各测量圆柱面端面圆跳动量中的最大值作为阶梯轴的端面圆跳动误差。

（3）合格性判断。

将阶梯轴的径向圆跳动误差、端面圆跳动误差分别与径向圆跳动公差、端面圆跳动公差进行比较，作出合格性判断。

---

① 资料来源：王艺主编的《武汉理工大学实验指导书》（第 2 版），未出版。

6. 实验前自测题

（1）本实验的仪器名称为________，用到的测量方法是________。

（2）本实验测量的圆跳动误差包括________和________。

（3）测量径向圆跳动时，要求百分表的测杆与阶梯轴________；测量端面圆跳动时，要求百分表的测杆与阶梯轴________。

（4）多次测量后，取________值作为圆跳动误差的测量结果。

7. 实验后思考题

什么是跳动公差？跳动公差具有哪些特点？

4 表面粗糙度的测量

导 读

表面粗糙度的概念；表面粗糙度对零件使用性能的影响；表面粗糙度的评定；光切显微镜测量表面粗糙度；表面粗糙度仪测量表面粗糙度。

4.1 表面粗糙度

1. 表面粗糙度的概念

表面粗糙度（Surface Roughness）指零件加工表面具有微小峰谷的微观几何形状误差，又称微观不平度。机械零件在加工过程中，由于各种因素的影响，零件的表面总会存在几何形状误差。几何形状误差分为三种：①主要由机床几何精度方面误差引起的表面宏观几何形状误差（形状误差）；②主要由加工过程中工艺系统的振动、发热、回转体不平衡等引起的，介于宏观和微观几何形状误差之间的表面波纹度（波度）；③主要由加工过程中刀具与工件表面间的摩擦、切屑分离时表面层金属的塑性变形、工艺系统的高频振动引起的微观几何形状误差（表面粗糙度）。

表面粗糙度值是表征零件表面在加工后形成的，由较小间距的峰谷组成的微观几何形状误差特性的参数。表面粗糙度值越小，则表面越光滑。

为了提高产品质量，促进互换性生产，适应国际交流和对外贸易，保证机械零件的使用性能，必须正确贯彻实施最新的表面粗糙度标准。到目前为止，我国常用的表面粗糙度标准为 GB/T 1031—2009《产品几何技术规范（GPS）表面结构 轮廓法 表面粗糙度参数及其数值》（代替 GB/T 1031—1995），GB/T 131—2006《产品几何技术规范（GPS）技术产品文件中表面结构的表示法》（代替 GB/T 131—1993），GB/T 3505—2009《产品几何技术规范（GPS）表面

结构 轮廓法 术语、定义及表面结构参数》（代替 GB/T 3505—2000）等。

通常按被测工件表面波纹的波距大小来划分零件的表面误差。

波距小于 1mm 的属于表面粗糙度（微观几何形状误差）。

波距为 1 ~ 10mm 的属于表面波纹度（中间几何形状误差）。

波距大于 10mm 的属于表面形状误差（宏观几何形状误差）。

2. 表面粗糙度对零件使用性能的影响

（1）对摩擦和磨损的影响。

具有微观几何形状误差的两个表面只能在轮廓的峰顶发生接触。

（2）对配合性能的影响。

对于间隙配合，相对运动的表面因其粗糙不平而迅速磨损，导致间隙增大；对于过盈配合，表面轮廓峰顶在装配时容易被挤平，使实际有效过盈量减小，导致联结强度降低。

（3）对抗腐蚀性的影响。

粗糙的表面易使腐蚀性物质积存在表面的微观凹谷处，并渗入金属内部，导致腐蚀加剧。

（4）对疲劳强度的影响。

零件表面越粗糙，凹痕就越深，当零件承受交变载荷时，对应力越集中就越敏感，引起疲劳强度降低，导致零件表面产生裂纹而损坏。

（5）对结合面密封性的影响。

粗糙的表面结合时，两表面只在局部点上接触，中间有缝隙，影响密封性。因此，降低表面粗糙度，可提高结合面的密封性。

4.2 表面粗糙度的评定

经加工获得零件的表面粗糙度是否满足使用要求，需要进行测量和评定。国家标准从表面粗糙度的幅度、间距等方面规定了相应的评定参数，以满足机械产品对零件表面的各种功能要求。以下主要介绍幅度参数（高度参数）。

（1）轮廓算术平均偏差（R_a）。

在取样长度内，轮廓上各点至基准线距离的算术平均值，如图 4 - 1 所示。即

$$R_a = \frac{1}{l}\int_0^l |y(x)| \mathrm{d}x$$

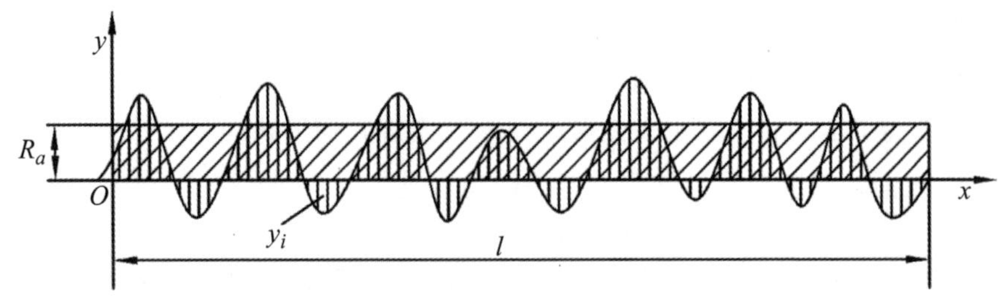

图 4－1　轮廓算术平均偏差（R_a）

R_a能充分反映表面微观几何形状高度方面的特性，是通常采用的评定参数。R_a值越大，则表面越粗糙。

（2）轮廓最大高度（R_z）。

在一个取样长度内，5 个最大轮廓峰高的平均值与 5 个最大轮廓谷深的平均值之和，如图 4－2 所示。即

$$R_z = \frac{\sum_{i=1}^{5} y_{pi} + \sum_{i=1}^{5} y_{vi}}{5}$$

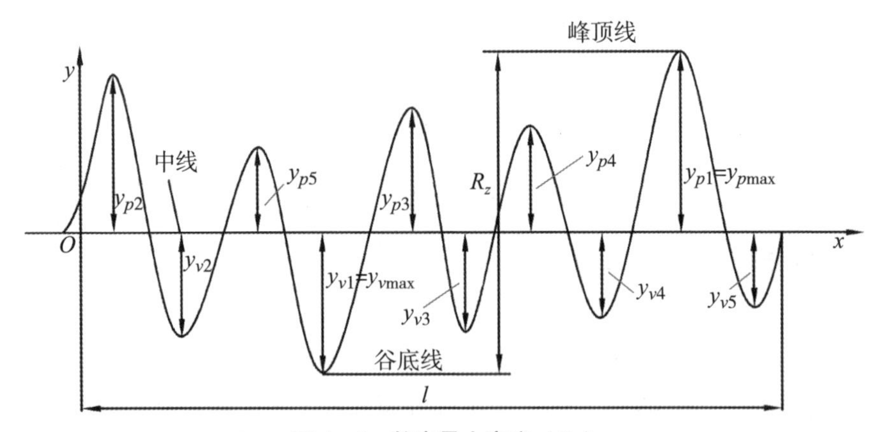

图 4－2　轮廓最大高度（R_z）

幅度参数（R_a，R_z）是标准规定必须标注的参数，故又称基本参数。

需要说明的是，原标准 GB/T 1031—1995 中高度参数为 R_a、R_y、R_z三项，新标准 GB/T 1031—2009 将三项改为 R_a、R_z两项。其中，新标准的 R_z即为原标准的 R_y，原标准中 R_z（微观不平度十点高度）术语及定义已取消。

4.3 实验

实验 4.1 光切显微镜测量表面粗糙度

1. 实验目的

（1）了解光切显微镜的结构及测量原理。

（2）熟悉采用光切法测量表面粗糙度的操作方法，加深对评定参数 R_z 的理解。

（3）掌握测量数据处理方法与结果计算。

2. 实验内容

表面粗糙度属于微观几何形状误差，其常用测量方法有粗糙度样块比较法、光切法、干涉法、针描法及印模法等。本实验在光切显微镜上，用光切法对工件表面粗糙度进行测量，评定轮廓最大高度 R_z 值。

3. 实验设备

本实验主要用到的设备有光切显微镜、方铁块样块。光切显微镜也称双管显微镜，是测量表面粗糙度的常用仪器之一，它主要用于评定参数 R_z 的测量。光切显微镜附带有四种放大倍数的物镜，根据被测实际表面粗糙度的大小进行更换，高放大倍数的物镜用来测量精细表面，低放大倍数的物镜用来测量粗糙表面。可测量 R_z 值的范围为 0.8 ~ 80μm。光切显微镜的主要技术指标如表 4 – 1 所示。

表 4 – 1　光切显微镜的主要技术指标

物镜放大倍数	总放大倍数	目镜套筒分度值/μm	视场直径/mm	测量范围 R_z 值/μm
60 ×	510 ×	0.145	0.3	0.8 ~ 1.6
30 ×	260 ×	0.294	0.6	1.6 ~ 6.3
14 ×	120 ×	0.63	1.3	6.3 ~ 20
7 ×	60 ×	1.25	2.5	20 ~ 80

光切显微镜主要由横臂、立柱、基座、工作台、物镜、测微目镜等部分组成。如图 4 – 3 所示。

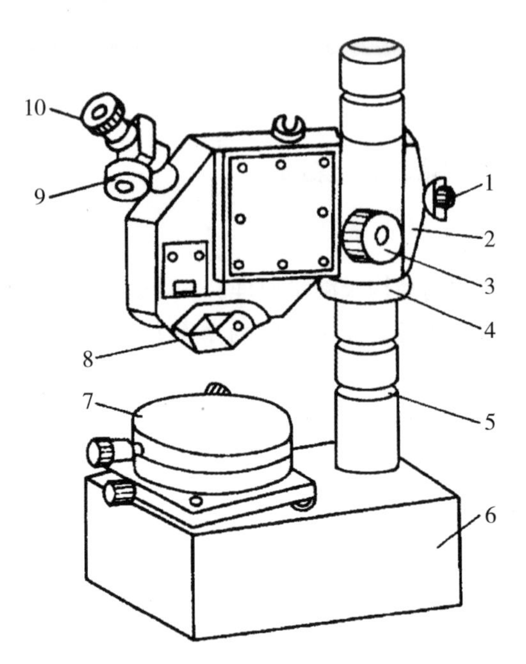

1—紧固螺钉；2—横臂；3—微调手轮；4—螺母；5—立柱；6—基座；
7—工作台；8—物镜；9—测微鼓轮；10—测微目镜

图4－3　光切显微镜结构图①

4．实验原理

光切显微镜由两个镜管组成，一个是投射照明管，另一个是观察管，两镜管轴线成90°。如图4－4（a）所示，从光源1发出的光线经物镜2、狭缝3后形成一束平行的光带，以45°的倾斜角投射到具有微小峰谷的被测实际表面上。由于被测实际表面粗糙，故两者交线为一凹凸不同的轮廓线，如图4－4（b)所示，该光线又由被测实际表面反射，进入与照明镜管相垂直的观察管，经物镜7成像在分划板4上，再通过目镜5就可以观察到一条放大了的凹凸不平的光带影像。由于这种光平面切割被测实际表面反映了被测实际表面粗糙度的状态，故称为光切法。

被测实际表面峰谷间的高度 h 与分划板上光带影像的高度 h' 存在下述关系。

① 卢志珍，闫维建．互换性与测量技术实验指导［M］．成都：电子科技大学出版社，2008.

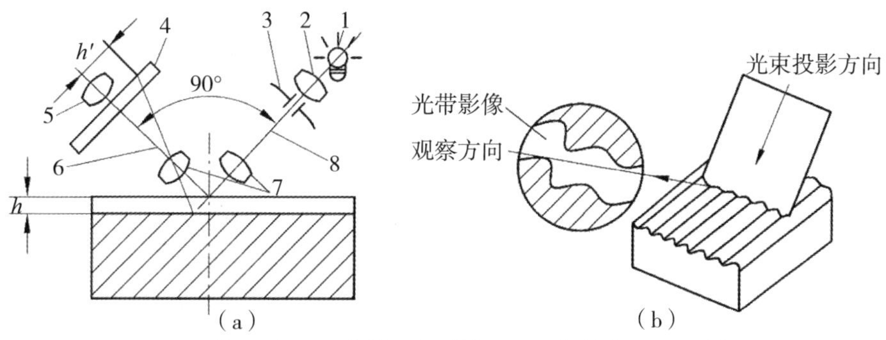

1—光源；2、7—物镜；3—狭缝；4—分划板；5—目镜；
6—观察管主光轴；8—光源管主光轴

图4－4　光切原理图①

$$h = \frac{h'}{N}\cos 45^\circ = \frac{h'}{\sqrt{2}N}$$

式中，N——物镜放大倍数。

为了测量和计算方便，光带影像的高度 h'用测微目镜来测量，测微目镜中十字线的移动 OO'和被测量光带影像的高度 h'成45°斜角，且十字线移动距离为 h''，如图4－5所示。

故光带影像的高度 h'与十字线实际移动距离 h''的关系为

$$h' = h''\cos 45^\circ$$

$$h = \frac{h''\cos^2 45^\circ}{N} = \frac{h''}{2N}$$

通过转动测微鼓轮带动十字线和双划线移动，移动量 h''可由测微鼓轮读出，如图4－6所示。当测微鼓轮转动一圈（100格）时，十字线和双划线相对固定标尺正好移动一个刻度间距，因此双划线移动一格相当于测微鼓轮移动100格。测微鼓轮每转一格，十字线在目镜视场内沿移动方向移动的距离为17.5μm（查手册该仪器的格值为17.5μm），算出不同放大倍数下的鼓轮的分度值 c。

当 $N=7\times$时，$c = \frac{1}{2N}\times 17.5 = 1.25$ μm；

① 马惠萍．互换性与测量技术基础案例教程［M］．2版．北京：机械工业出版社，2019.

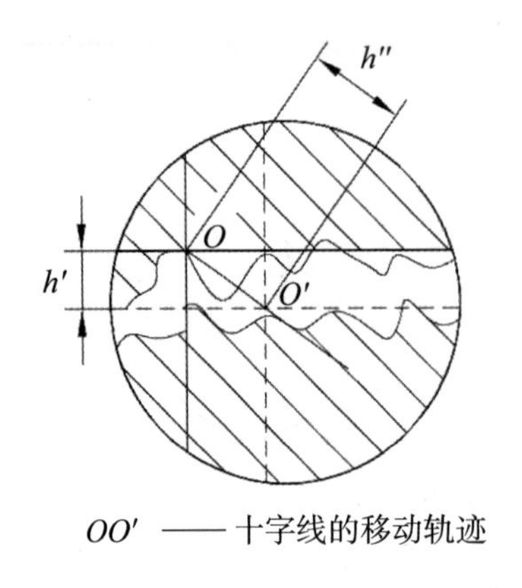

图 4-5　h' 与 h'' 的关系图①

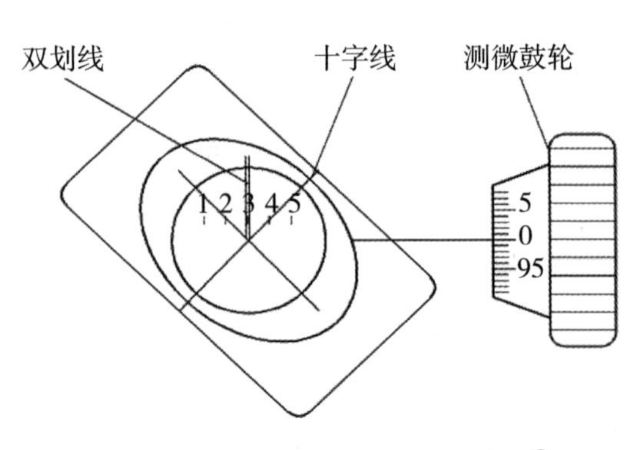

图 4-6　目镜读数示意图①

当 $N=14\times$ 时，$c=\dfrac{1}{2N}\times 17.5=0.63\ \mu m$；

当 $N=30\times$ 时，$c=\dfrac{1}{2N}\times 17.5=0.29\ \mu m$；

当 $N=60\times$ 时，$c=\dfrac{1}{2N}\times 17.5=0.15\ \mu m$。

由上述可知，实际表面峰谷间的高度 h 等于测微鼓轮两次读数差 h'' 乘以分度值 c，即

$$h=ch''$$

5. 实验步骤

（1）准备工作。

初步估计被测实际表面 R_z 值范围，选择适当放大倍数的物镜并将其安装在光切显微镜上。将擦净的被测工件安放在工作台上进行初步调整，使被测工件表面的加工纹路方向与镜管轴线夹角的平分线垂直，如图 4-4（a）所示。

（2）调整仪器。

接通电源，对光切显微镜进行粗调和细调。

①粗调：参照图 4-3，用手托住横臂 2，松开紧固螺钉 1，缓慢旋转横臂调节螺母 4，使横臂上下移动。同时转动工件位置使其加工纹路（刀纹方

① 王樑，王俊昌，王晓晶. 互换性与测量技术［M］. 成都：电子科技大学出版社，2016.

向）与光带垂直，直到从目镜中观察到绿色光带和表面轮廓不平度的影像（见图4－5），然后，将紧固螺钉1旋紧。要注意防止物镜与工件表面相碰，以免损坏物镜。

②细调：缓慢转动微调手轮3，同时缓慢调整测微目镜10上的调焦环，使测微目镜中光带最狭窄，轮廓影像最清晰并位于视场的中央。

③转动测微目镜，使测微目镜中十字线的水平线与光带轮廓中心线平行。

（3）测量过程。

①选定一个测量边缘，将测微目镜中十字线的水平线，从最高一个峰点相切开始，由高到低顺着一个方向转动测微鼓轮9，测量5个最大轮廓波峰。然后，从最低一个波谷相切开始，反向由低到高测量5个波谷。在测微鼓轮9上分别读出5个读数值，记在实验记录中。

数据读取方法为双划线所在位置指示的格数值加上测微鼓轮9上指示的格数值。由于测微鼓轮转动一周（100小格）则双划线进一格，因此在读数时应将双划线指示位置的数值乘以100。为了方便读数，取双划线指示位置偏向较小的数值乘以100加上测微鼓轮的格数值，即为最终读数，单位为格。

②缓慢旋转工作台7的测微尺进行测量面转换，同时观察测微目镜中光带的变化，再次选择视野范围内能够清晰看到的5个波峰波谷，开始第二个测量面的测量。注意，与第一个测量面为同一个光带边缘。

（4）数据处理。

根据加工表面粗糙度要求，在评定长度范围内，测出5个峰谷间的高度h，取其平均值作为R_z值（进行数据处理时，应考虑测微鼓轮实际分度值）。

6. 实验前自测题

（1）本实验的仪器名称为________，用到的测量方法是________。

（2）本实验表面粗糙度的评定参数为________。

（3）本实验被测工件放置时，要求光束的方向与被测工件加工纹理的方向________。

（4）测量波峰时，旋转测微鼓轮，使十字线的水平线与测量面最高的一个峰点相切，采用________测量顺序，测量出5个波峰值；测量波谷时，旋转测微鼓轮，使十字线的水平线与测量面最低的一个波谷相切，采用________测量顺序，测量出5个波谷值。

(5) 本实验的数据读取由________和________组成。

7. 实验后思考题

(1) 测量表面粗糙度还有哪些方法？其应用范围如何？

(2) 光切法测量中“格值”是什么含义？实验中的物镜放大倍数和测微鼓轮实际分度值各是多少？

实验4.2 表面粗糙度仪测量表面粗糙度

1. 实验目的

(1) 了解表面粗糙度仪的结构并熟悉其使用方法。

(2) 熟悉采用表面粗糙度仪测量表面粗糙度的原理。

(3) 加深对表面粗糙度评定参数的理解。

2. 实验内容

本实验用TIME 3200手持式粗糙度仪测量零件表面粗糙度，属于直接测量。用R_a来评定表面粗糙度。

3. 实验设备

本实验用到的主要实验设备为TIME 3200手持式粗糙度仪、被测工件。TIME 3200手持式粗糙度仪是一种表面粗糙度测量仪，它广泛应用于测量各种表面粗糙度参数，可测量平面、外圆、内孔。

(1) 测量参数：R_a、R_z (ISO)、R_y、R_q、R_t、R_p、R_v、R_z (JIS)、R_{max}、R_{3z}、R_{sk}、RS、RS_m、R_{tp}等。

(2) 显示范围：R_a、R_q为0.005~16μm；

R_z、R_y、R_t、R_p、R_v、R_{max}、R_{3z}为0.02~160μm；

RS、RS_m 为1mm；

R_{sk}、R_{tp}为0~100%。

(3) 量程范围：±20μm、±40μm、±80μm。

(4) 示值误差：-10%~10%。

TIME 3200手持式粗糙度仪如图4-7所示。

4. 实验原理

测量工件表面粗糙度时，将传感器放在工件被测表面上，由仪器内部的驱动机构带动传感器沿被测表面做等速滑行，传感器通过内置的触针测量被测表面的粗糙度。此时，工件被测表面的粗糙度使触针产生位移，该位移使传感器电感线圈的电感量发生变化，从而在相敏整流器的输出端产生与被测表面粗糙度成一定比例的模拟信号。该信号经过放大与电平转换之后进入数据采集系统，DSP 芯片将采集的数据进行数字滤波和参数计算，测量结果在显示器上读出，也可在打印机上输出，还可以与 PC 机进行通信。

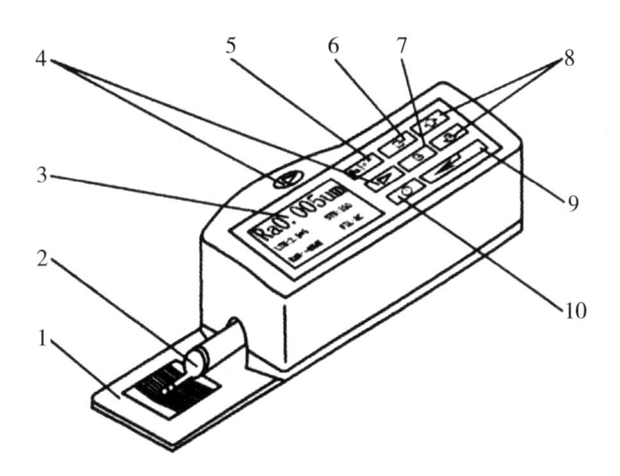

1—标准样板；2—传感器；3—显示器；4—启动键；5—显示键；
6—退出键；7—菜单键；8—滚动键；9—回车键；10—电源键

图 4－7　TIME 3200 手持式粗糙度仪示意图①

5. 实验步骤

（1）测量前准备。

①开机检查电池电压是否正常。

②擦净被测工件表面。

③使传感器的测头与被测工件的表面正确接触，如图 4－8 和图 4－9 所示。

④调整仪器方向，使传感器的测量轨迹垂直于被测工件表面的加工纹理，如图 4－10 所示。

（2）按下“电源键”，然后选取合适的量程、取样长度，选择测量 R_a 值。

---

① 资料来源：北京时代之峰科技有限公司的《TIME 3200 手持式粗糙度仪使用说明书》。

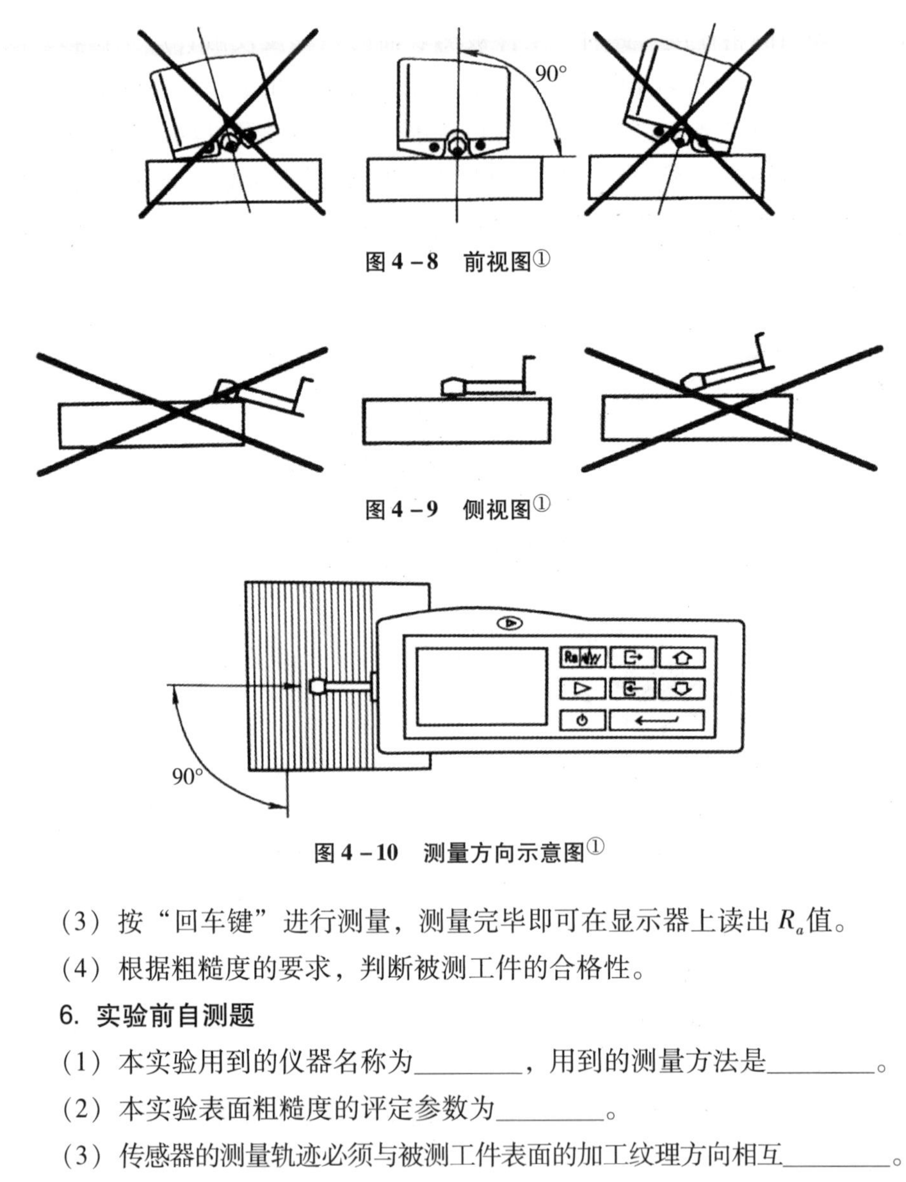

图 4 - 8　前视图①

图 4 - 9　侧视图①

图 4 - 10　测量方向示意图①

(3) 按“回车键”进行测量，测量完毕即可在显示器上读出 R_a 值。

(4) 根据粗糙度的要求，判断被测工件的合格性。

6. 实验前自测题

(1) 本实验用到的仪器名称为________，用到的测量方法是________。

(2) 本实验表面粗糙度的评定参数为________。

(3) 传感器的测量轨迹必须与被测工件表面的加工纹理方向相互________。

7. 实验后思考题

(1) 分析表面粗糙度仪的测量特点。

(2) 简述表面粗糙度仪的操作步骤。

---

① 资料来源：北京时代之峰科技有限公司的《TIME 3200 手持式粗糙度仪使用说明书》。

5 锥度和角度的测量

导 读

圆锥的主要几何参数；圆锥角的检测，包括直接测量圆锥角、间接测量圆锥角、检验圆锥角偏差；正弦规测量外圆锥角；万能角度尺测量角度。

5.1 圆锥的主要几何参数

圆锥的主要几何参数为圆锥角、圆锥直径和圆锥长度，如图5－1所示。

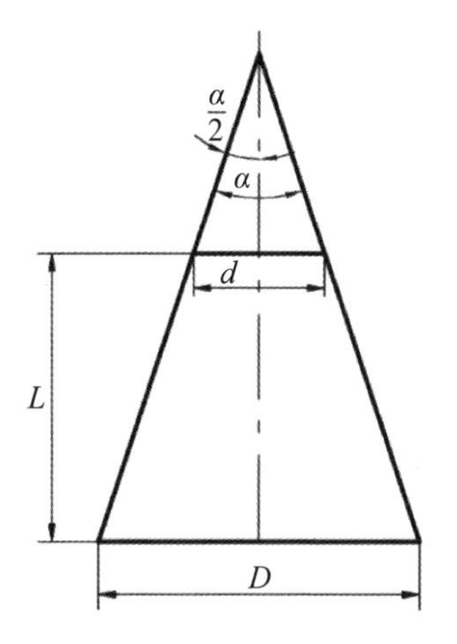

图5－1 圆锥主要几何参数①

圆锥角 α 是指在通过圆锥轴线的截面内，两条素线间的夹角（素线是指母线处于曲面上任一位置时的线条）。

---

① 高丽，于涛，杨俊茹．互换性与测量技术基础［M］．北京：北京理工大学出版社，2018.

圆锥直径是指圆锥在垂直于其轴线的截面上的直径，常用的圆锥直径有最大圆锥直径 D、最小圆锥直径 d。

圆锥长度 L 是指最大圆锥直径截面与最小圆锥直径截面之间的轴向距离。

圆锥角的大小有时用锥度表示。锥度 C 是指两个垂直于圆锥轴线的截面上的圆锥直径之差与这两个截面间的轴向距离之比。例如，最大圆锥直径 D 和最小圆锥直径 d 之差与圆锥长度 L 之比，即

$$C = (D - d)/L$$

锥度 C 与圆锥角 α 的关系为

$$C = 2\tan\frac{\alpha}{2} = 1/\left(\frac{1}{2}\cot\frac{\alpha}{2}\right)$$

在图样上标注了锥度，就不必标注圆锥角，两者不应重复标注。

5.2 圆锥角的检测

圆锥角的测量分为直接测量和间接测量。同时，圆锥角的偏差可以直接用圆锥量规检验。

（1）圆锥角的测量。

①直接测量圆锥角。

直接测量圆锥角是指用万能角度尺、光学测角仪等测量器具测量实际圆锥角的数值。

②间接测量圆锥角。

间接测量圆锥角是指测量与被测圆锥角有一定函数关系的线性尺寸，然后计算出被测圆锥角的实际值。通常使用指示式测量器具和正弦规、量块、滚子、钢球进行测量。

（2）圆锥角偏差的检验。

内、外圆锥的圆锥角实际偏差可以用圆锥量规检验。被测内圆锥用圆锥塞规检验，被测外圆锥用圆锥环规检验。检验内圆锥的圆锥角偏差时，在圆锥塞规工作表面素线全长上，涂 3 ~ 4 条极薄的显示剂。检验外圆锥的圆锥角偏差时，在被测外圆锥表面素线全长上，涂 3 ~ 4 条极薄的显示剂。然后把量规与被测圆锥来回旋转（旋转角度应小于180°）。根据被测圆锥上的着色或圆锥量规上擦掉的痕迹，来判断被测圆锥角的实际值合格与否。

5.3　实验

实验 5.1　正弦规测量外圆锥角

1. 实验目的

(1) 掌握采用正弦规测量外圆锥角的原理和方法。

(2) 加深理解锥度与圆锥角的关系。

2. 实验内容

本实验利用直角三角形的正弦函数关系，使用正弦规测量外圆锥角的偏差，属于间接测量法。

3. 实验设备

本实验用到的主要设备为正弦规、量块组、测量平板、被测圆锥、百分表。正弦规是利用正弦原理进行锥角测量的测量器具之一，主要用于测量小角度外圆锥的圆锥角。

正弦规分为窄型和宽型两种，两圆柱体轴心距 L 也有 100mm 和 200mm 两种规格，正弦规的外形如图 5－2 所示。正弦规由制造精度很高的主体 3 和两个直径完全相等的圆柱体 4，以及挡板 1、2 组成，且两个圆柱体 4 的轴心线所在平面与主体 3 的上表面平行。

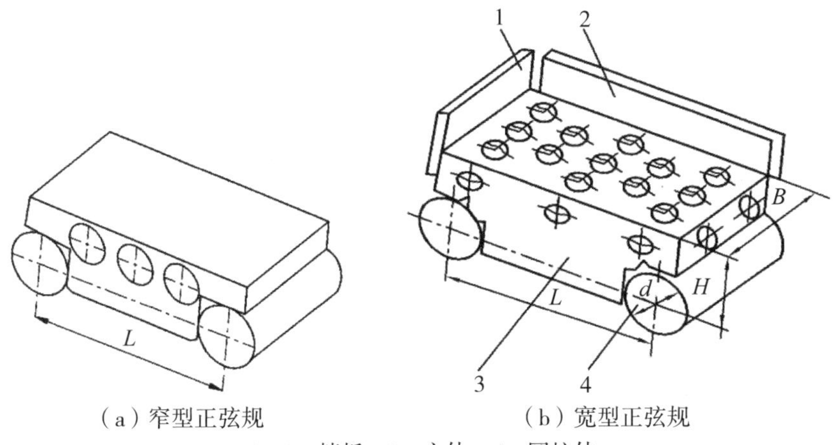

(a) 窄型正弦规　　(b) 宽型正弦规

1，2—挡板；3—主体；4—圆柱体

图 5－2　正弦规的外形图①

① 王樑，王俊昌，王晓晶．互换性与测量技术［M］．成都：电子科技大学出版社，2016.

4. 实验原理

正弦规是利用直角三角形的正弦函数关系进行测量的，如图 5－3 所示。首先，根据被测圆锥的公称锥角 α'，计算出正弦规一端需要的量块组尺寸高度 H。

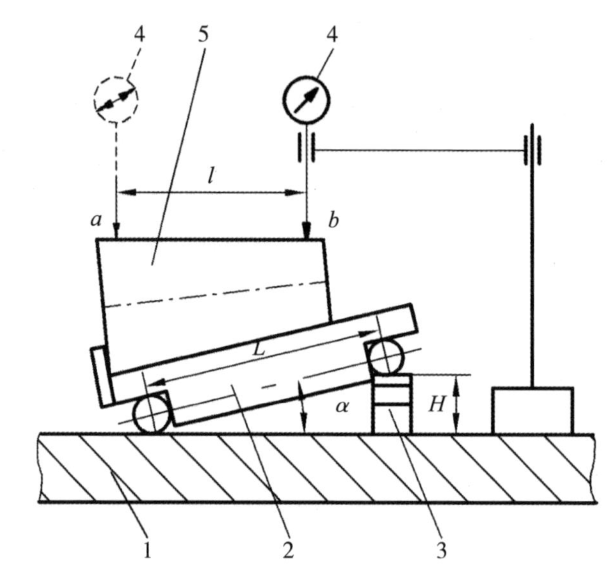

1—测量平板；2—正弦规；3—量块组；4—百分表；5—被测圆锥

图 5－3　用正弦规测外圆锥角示意图①

$$H = L\sin\alpha \ (\alpha = \alpha')$$

式中，L——正弦规两圆柱体的轴心距。

其次，将尺寸高度为 H 的量块组 3 放在正弦规 2 一端的圆柱体下面，并将被测圆锥 5 正确地放置在正弦规的工作表面上。此时，如果被测圆锥的锥角偏差为 0，则被测圆锥最上面的表面素线平行于测量平板 1，即用百分表 4 在 a、b 两点测得的素线高度值相等。如果百分表测得的数值不相等，则存在锥角偏差。

5. 实验步骤

（1）计算并组合量块组。根据 α' 计算出量块组的尺寸 H。

（2）将组合好的量块组放在正弦规一端的圆柱体下面，然后将被测圆锥放在正弦规的工作表面上，并使被测圆锥轴线垂直于正弦规两圆柱体的轴线。

① 王樑，王俊昌，王晓晶．互换性与测量技术［M］．成都：电子科技大学出版社，2016.

(3) 将百分表安装在百分表架上，使百分表测头与被测圆锥接触，并压缩1~2圈。移动百分表架，在被测圆锥角素线上且距离被测圆锥两端2mm的 a、b 两点处，分别测量和读数。

(4) 如图5-3所示，在 a、b 两点各测量三次，取平均值后求出 a、b 两点的高度差 n。然后再测量出 a、b 两点的距离 l，则测得的圆锥角偏差为

$$\Delta\alpha = \frac{n}{l}(\mathrm{rad}) = \frac{n}{l} \times 2 \times 10^5('')$$

式中，$n = a_{平均} - b_{平均}$，单位为μm；l 的单位为mm。

(5) 判断被测圆锥锥角的合格性。

6. 实验前自测题

(1) 本实验的仪器名称为________，用到的测量方法是________。

(2) 本实验利用________函数关系来测量外圆锥角的偏差。

(3) 本实验中量块或组合量块的尺寸根据________来确定。

(4) 圆锥角偏差的计算公式为________。

7. 实验后思考题

(1) 用正弦规测量锥角时，是测 a、b 之间的高度差重要，还是测 a、b 之间沿被测圆锥最上面的表面素线方向的长度重要？

(2) 用正弦规是否能够测量内锥角？

实验5.2 万能角度尺测量角度

1. 实验目的

(1) 了解万能角度尺的结构和读数方法。

(2) 掌握用万能角度尺测量工件角度的方法。

2. 实验内容

万能角度尺测量角度属于直接测量法，测量的角度能够直接从万能角度尺的游标上读出。

3. 实验设备

万能角度尺是一种组合式万能角度尺，又叫作游标角度规、游标量角器、游标角度尺等。它是一种常用的游标角度量具。

万能角度尺主要由游标、扇形板、挡板、连接板、活动板、角尺、直尺、卡块等几部分组成。采用不同的组合，可用于测量0°~320°间的任何角度。

万能角度尺可用于测量圆锥的内外角度，它的结构如图5－4所示。万能角度尺的读数是根据游标原理制成的。扇形板刻线每格为1°＝60′，游标刻线是取扇形板的29°等分为30格，因此游标分度值为29°/30＝58′，即扇形板与游标一格的差值为2′。也就是说万能角度尺的分度值为2′，其读数方法与游标卡尺完全相同，从扇形板上读“度”数，游标上读“分”数，然后将两者相加。

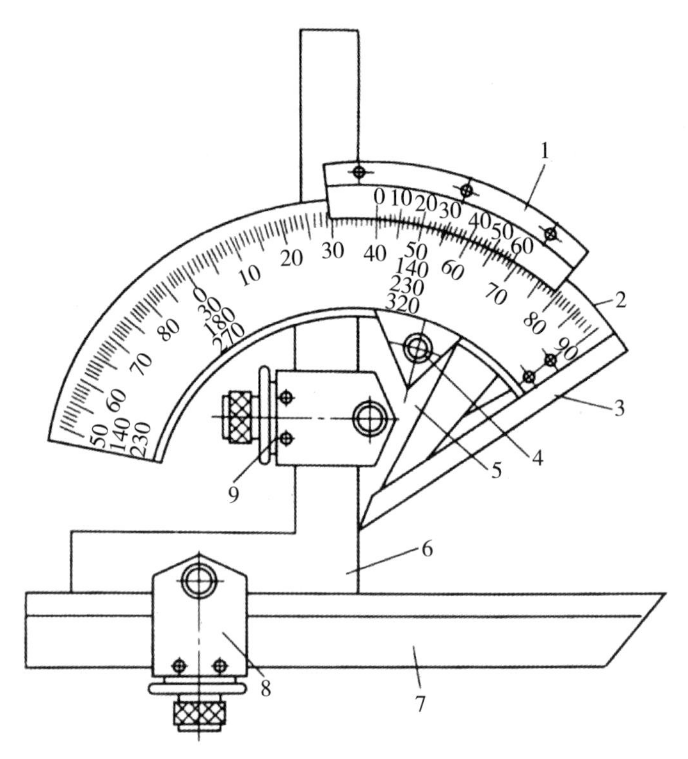

1—游标；2—扇形板；3—挡板；4—连接板；5—活动板；6—角尺；7—直尺；8，9—卡块

图5－4　万能角度尺的结构图①

4. **实验原理**

使用时应先校准零位。角尺与直尺均装上，而角尺的底边、挡板与直尺无间隙接触，此时扇形板与游标的“0”线对准，即为万能角度尺的零位。调

① 王樑，王俊昌，王晓晶．互换性与测量技术［M］．成都：电子科技大学出版社，2016.

整好零位后，按不同的方式组合角尺、直尺和挡板，组合后可测量的角度范围为0°～320°，如图5－5所示。

如图5－5所示，图5－5（a）为检测0°～50°的角度，应装上角尺和直尺；图5－5（b）为检测50°～140°的角度，只需装上直尺；图5－5（c）为检测140°～230°的角度，只需装上角尺；图5－5（d）为检测230°～320°的角度，不需要装角尺和直尺，只需使用挡板和扇形板的测量面进行测量。

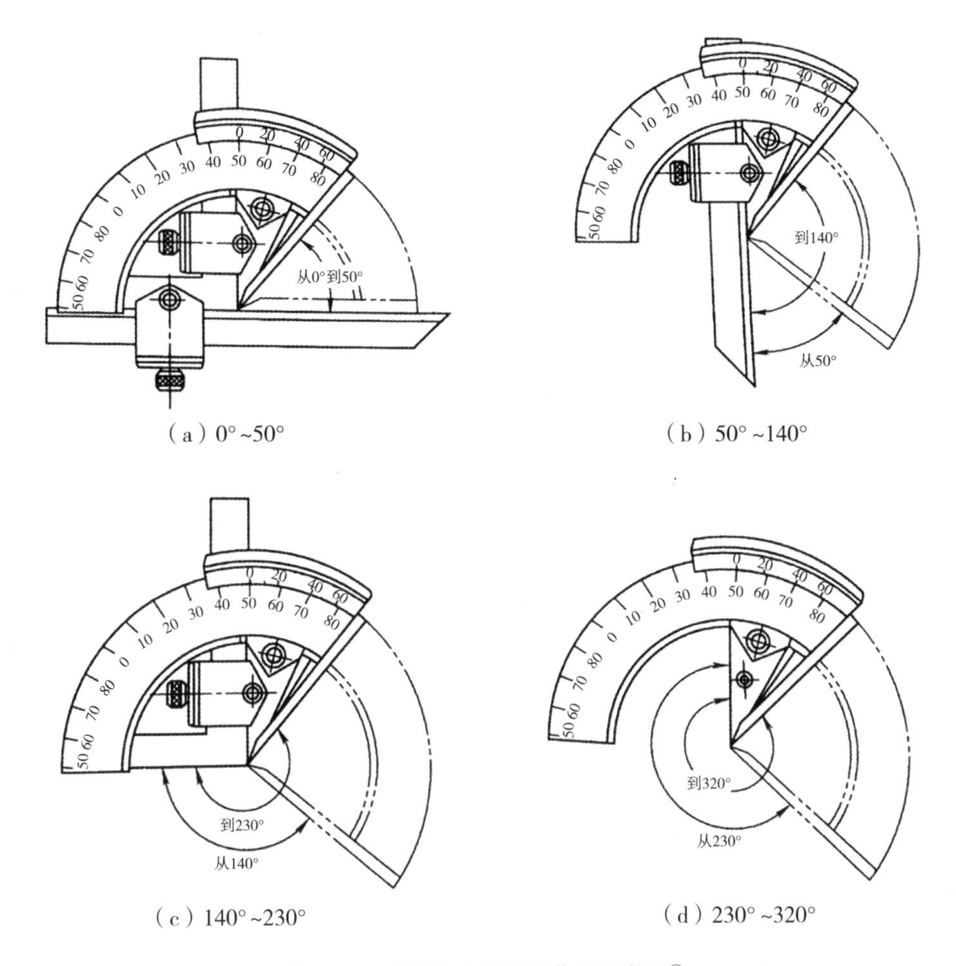

图5－5 万能角度尺测量范围示意图①

测量时先松开活动板，移动扇形板作粗调，再转动万能角度尺背面的微

① 马德成. 机械零件测量技术及实例［M］. 北京：化学工业出版社，2013.

动手轮作微调。直到万能角度尺的两测量面与被测圆锥的工作面紧密接触，再进行读数。

5. 实验步骤

（1）将被测工件及万能角度尺擦拭干净，放置在平板工作台上。如果工件较小，也可以手持测量。

（2）依据被测工件角度的大小选择并组合好万能角度尺，如图5－5所示。

（3）松开活动板，使扇形板沿角尺移动到需要测量的部位。使被测工件角度的两边贴紧万能角度尺，目测应无间隙，然后锁紧活动板，即可读数。

（4）根据被测工件角度允许的极限偏差来判断被测工件角度的合格性。

6. 实验前自测题

（1）本实验的仪器名称为________，用到的测量方法是________。

（2）万能角度尺的测量范围为________。

（3）万能角度尺的分度值是________。

（4）万能角度尺的读数由________和________组成。

7. 实验后思考题

万能角度尺测量角度产生测量误差的因素有哪些？

6 圆柱螺纹测量

导 读

螺纹的种类及使用要求；普通螺纹的几何参数；螺纹作用中径；螺纹中径合格性判断准则；螺纹千分尺测量外螺纹参数；三针法测量外螺纹参数；大型工具显微镜测外螺纹参数。

6.1 螺纹的种类及使用要求

螺纹常用于紧固连接、密封、传递力与运动等方面，按照螺纹的结合性质和使用要求的不同，一般可分为以下三类。

（1）普通螺纹：也称紧固螺纹，它主要用于紧固和连接零部件，其主要要求是可旋合性和连接的可靠性。

（2）紧密螺纹：它要求起连接作用的同时还要保证足够的紧密性，即不漏水、不漏气。如用于管道连接的螺纹。

（3）传动螺纹：它主要用于螺旋传动，是由螺杆和螺母组成的螺旋副来实现传动要求的。它将回转运动转变为直线运动。

6.2 普通螺纹的几何参数

1. 普通螺纹的基本牙型

普通螺纹基本牙型如图 6－1 所示。基本牙型是指将螺纹轴线剖面内高为 H 的原始三角形顶部削去 $H/8$、底部削去 $H/4$ 后形成的内、外螺纹共有的理论牙型。它是规定螺纹极限偏差的基础。内、外螺纹的大径、小径、中径的基本尺寸都定义在基本牙型上。

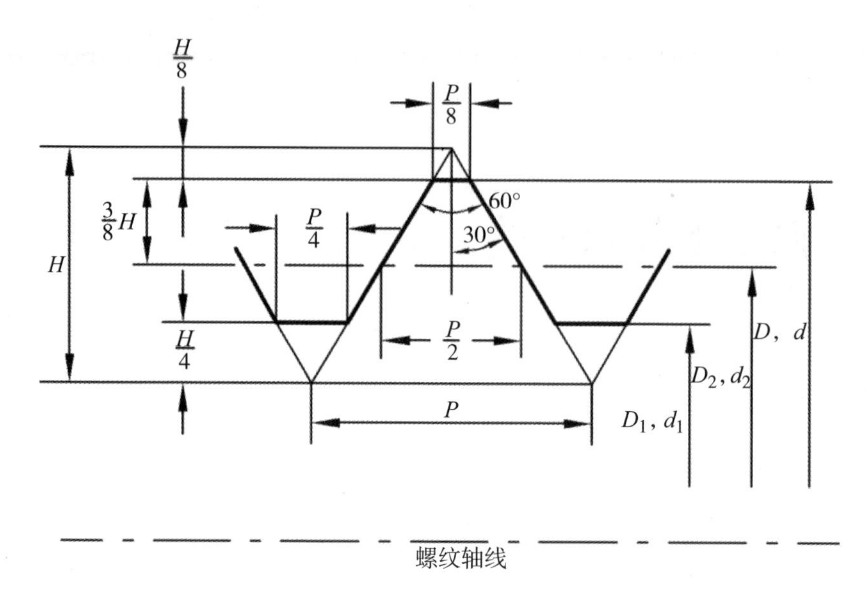

图 6-1　普通螺纹基本牙型示意图①

2. 普通螺纹的几何参数

（1）原始三角形高度 H：原始三角形的顶点到底边的距离。原始三角形为一个等边三角形，H 与螺纹螺距 P 的几何关系如图 6-1 所示，即

$$H=\frac{\sqrt{3}P}{2}$$

（2）大径（D、d）：在基本牙型上与内螺纹牙底或外螺纹牙顶重合的假想圆柱的直径。如图 6-1 所示，内、外螺纹的大径分别用 D、d 表示。内螺纹大径 D 为底径；外螺纹大径 d 为顶径。

（3）小径（D_1、d_1）：在基本牙型上与内螺纹牙顶或外螺纹牙底重合的假想圆柱的直径。内、外螺纹的小径分别用 D_1、d_1 表示。

（4）中径（D_2、d_2）：一个假想圆柱的直径，该圆柱位于螺纹牙型的沟槽与凸起宽度相等的地方。内、外螺纹的中径分别用 D_2、d_2 表示。

（5）螺距（P）：相邻两牙在螺纹中径圆柱面的母线（即中径线）上对应两点间的轴向距离。螺距用符号 P 表示。

（6）单一中径：一个假想圆柱的直径，该圆柱的母线位于牙型上沟槽宽

① 高丽，于涛，杨俊茹. 互换性与测量技术基础［M］. 北京：北京理工大学出版社，2018.

度等于基本螺距一半（$P/2$）的地方。当无螺距偏差时，单一中径与中径一致，内、外螺纹的单一中径分别用 D_{2s}、d_{2s} 表示。

（7）牙型角（α）和牙型半角（$\alpha/2$）：牙型角 α 是在螺纹牙型上，牙型两侧边的夹角，牙型半角 $\alpha/2$ 为牙型角 α 的一半。公制普通螺纹的牙型角 $\alpha=60°$，牙型半角 $\alpha/2=30°$。

（8）导程：同一螺旋线上的相邻两牙在中径线上对应两点间的轴向距离。导程 $L=nP$，n 为螺纹线数。

6.3 螺纹的作用中径及其评定

1. 螺纹作用中径

螺纹作用中径是螺纹旋合时实际起作用的中径。如果外螺纹存在螺距误差和牙型半角误差，旋合时只能选一个中径较大的内螺纹，相当于外螺纹的中径增大了。这个增大了的假想中径被称为外螺纹的作用中径 d_{2m}。

同样，对于内螺纹来说，如果内螺纹存在螺距误差和牙型半角误差，旋合时只能与一个中径较小的内螺纹配合，相当于内螺纹的中径减小了。这个减小了的假想中径被称为内螺纹的作用中径 D_{2m}。

2. 螺纹中径合格性判断准则

判断螺纹合格性应遵循泰勒原则，即实际螺纹的作用中径不允许超出最大实体牙型的中径，并且实际螺纹任何部位的单一中径不允许超出最小实体牙型的中径。所谓最大实体牙型和最小实体牙型，是取值为螺纹中径公差范围内的最大值和最小值，且具有与基本牙型形状一样的螺纹牙型。

对于外螺纹：$d_{2m} \leqslant d_{2\max}$ 且 $d_{2s} \geqslant d_{2\min}$。

对于内螺纹：$D_{2m} \geqslant D_{2\min}$ 且 $D_{2s} \leqslant d_{2\max}$。

式中，$d_{2\max}$、$d_{2\min}$——外螺纹中径的上、下极限尺寸；

$D_{2\max}$、$D_{2\min}$——内螺纹中径的上、下极限尺寸。

6.4 实验

实验 6.1 螺纹千分尺测量外螺纹参数

1. 实验目的

熟悉螺纹千分尺测量外螺纹中径的原理和方法。

2. 实验内容

本实验用螺纹千分尺测量外螺纹中径，属于直接测量法。

3. 实验设备及实验原理

本实验主要设备有螺纹千分尺、配套测头、被测螺纹。螺纹千分尺带有一套可以替换的测头，每对测头只能用来测量一定螺距范围内的螺纹。所选测头不同，测量范围也不一样。螺纹千分尺的主要技术参数如下。

（1）分度值：0.01mm。

（2）测量范围：0 ~ 25mm、25 ~ 50mm、50 ~ 75mm、75 ~ 100mm、100 ~ 125mm、125 ~ 150mm 等。

螺纹千分尺外形结构如图 6 - 2 所示。它的结构、读数方法与外径千分尺基本相同，不同之处在于测头。螺纹千分尺测头由一个凹螺纹测头和一个圆锥测头组成，它是根据牙型角和螺距的标准尺寸做成的特殊测头，可以用来直接测量外螺纹中径。测得的单一中径不包含螺距误差和牙型半角误差的补偿值，故只能用于低精度螺纹或工序的检验。

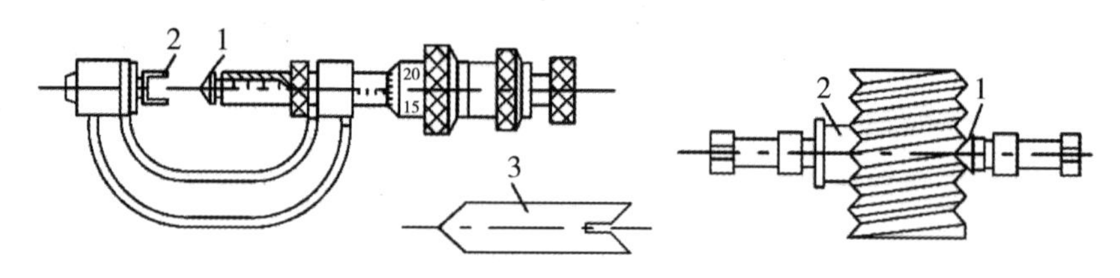

1，2—测头；3—尺寸样板

图 6 - 2 螺纹千分尺外形结构图①

4. 实验步骤

（1）根据被测螺纹的公称螺距及牙型角，选择合适的测头。

（2）测量前，用尺寸样板 3 来调整零位。

（3）选取两个截面，在每个截面上相互垂直的方向进行两次测量，记下读数。

（4）进行实验数据处理，并判断被测螺纹中径是否合格。

① 徐红兵，王亚元，杨建风．几何量公差与检测实验指导书［M］．2 版．北京：化学工业出版社，2012.

5. 实验前自测题

（1）本实验的仪器名称为________，用到的测量方法是________。

（2）判断螺纹中径合格性的准则是________。

6. 实验后思考题

（1）用螺纹千分尺测量螺纹中径时，影响测量精度的主要因素有哪些？

（2）用螺纹千分尺测量外螺纹中径时，如何选用测头？

（3）螺纹中径、螺纹单一中径和螺纹作用中径有什么区别？

实验 6.2　三针法测量外螺纹参数

1. 实验目的

掌握三针法测量外螺纹中径的原理和方法。

2. 实验内容

三针法测量外螺纹中径属于间接测量，它是测量外螺纹中径比较精密的一种方法。通过选用三根合适的量针放在被测外螺纹直径两边的牙槽内，测量并计算出外螺纹中径。

3. 实验设备

三针法测量外螺纹中径需要用到的设备有杠杆千分尺、三根量针、被测外螺纹。量针的精度等级分为 0 级和 1 级：0 级量针用于测量中径公差为4 ~8μm的螺纹；1 级量针用于测量中径公差大于 8μm 的螺纹。杠杆千分尺基本度量指标如下。

（1）测量范围：0 ~25mm；25 ~50mm；50 ~75mm；75 ~100mm。

（2）分度值：0.002mm。

杠杆千分尺结构如图 6 –3 所示，它由指示表和千分尺两部分组成，比普通千分尺多了指示表部分。活动测头不是固定的，手按按钮，可使活动测头内缩，通过杠杆齿轮放大机构，带动微动指示表内的指针在扇形刻度盘上回转。微动指示表内有一个弹簧推动活动测头向外运动，以产生测量力，因而千分尺的右端无须棘轮机构。

4. 实验原理

测量时，先选用三根等直径且精度较高的量针分别放在被测螺纹直径两边的牙槽中，如图 6 –4 所示。然后，用具有两个平行面的测量器具（如千分尺、比较仪、测长仪等）测量出针距尺寸 M。再根据被测螺纹的螺距 P、牙型半角 $\alpha/2$ 和量针直径 d_0，计算出螺纹单一中径，并将其近似看作螺纹的实际中径 d_2。

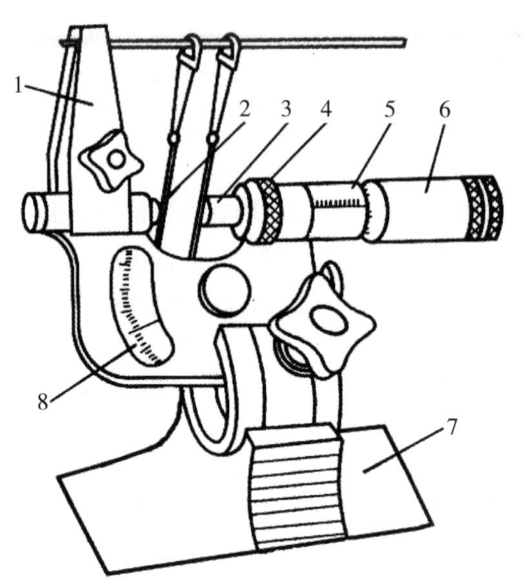

1—三针挂架；2—活动测头；3—测杆；4—固定螺母；
5—刻度套管；6—微分筒；7—尺座；8—微动指示表

图 6－3　杠杆千分尺结构图①

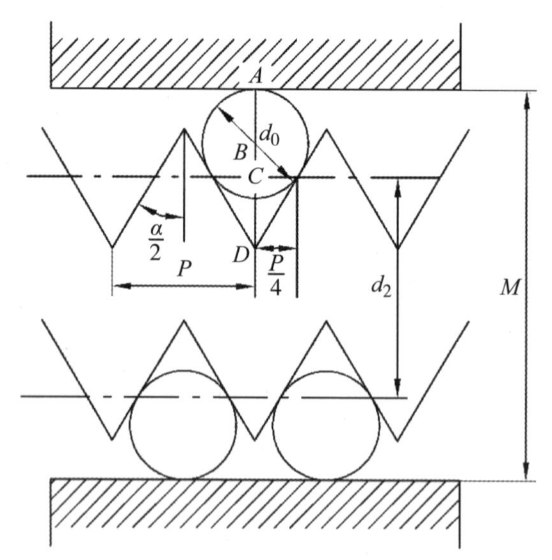

图 6－4　测量原理图

---

① 徐红兵，王亚元，杨建风．几何量公差与检测实验指导书［M］.2 版．北京：化学工业出版社，2012.

由图 6－4 可知

$$d_2 = M - 2AC = M - 2(AD - CD)$$

而

$$AD = AB + BD = \frac{d_0}{2}\left(1 + \frac{1}{\sin\frac{\alpha}{2}}\right)$$

$$CD = \frac{P\cot\frac{\alpha}{2}}{4}$$

因此，螺纹中径的计算公式为

$$d_2 = M - d_0\left(1 + \frac{1}{\sin\frac{\alpha}{2}}\right) + \frac{P}{2}\cot\frac{\alpha}{2}$$

在测量时，当量针与螺纹牙型的切点恰好位于螺纹中径时，螺纹牙型半角偏差对测量结果的影响最小，此时选择的量针直径 $d_{0佳}$ 为最佳量针直径。由图 6－5 可知

$$d_{0佳} = \frac{P}{2\cos\frac{\alpha}{2}}$$

对于公制螺纹，$\alpha = 60°$，则 $d_{0佳} = 0.577P$。

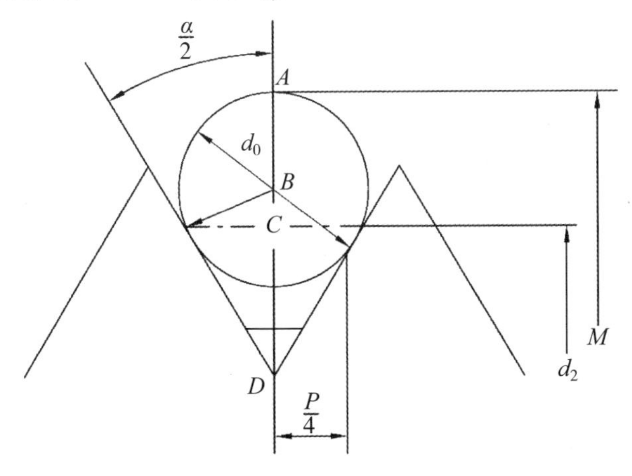

图 6－5　最佳量针位置图[①]

① 王樑，王俊昌，王晓晶．互换性与测量技术［M］．成都：电子科技大学出版社，2016.

在实际测量中可按表 6－1 选择最佳量针直径，并根据被测外螺纹中径的公差大小选择量针精度。

表 6－1　　三针法测量公制普通螺纹的最佳量针直径

螺距 P（mm）	最佳量针直径 $d_{0佳}$（mm）	螺距 P（mm）	最佳量针直径 $d_{0佳}$（mm）	螺距 P（mm）	最佳量针直径 $d_{0佳}$（mm）	螺距 P（mm）	最佳量针直径 $d_{0佳}$（mm）
0.2	0.118	0.5	0.291	1.25	0.742	3.5	2.020
0.25	0.142	0.6	0.343	1.5	0.866	4.0	2.311
0.3	0.170	0.7	0.402	1.75	1.008	4.5	2.595
0.35	0.201	0.8	0.433	2.0	1.157	5.0	2.866
0.4	0.232	0.9	0.461	2.5	1.441	5.5	3.177
0.45	0.260	1.0	0.572	3.0	1.732	6.0	3.468

5. 实验步骤

（1）根据被测螺纹的大小粗估 M 值，选择杠杆千分尺的测量范围。安装好杠杆千分尺和三针挂架，将活动测头和测杆擦拭干净。

（2）用螺纹样板尺测量被测螺纹的螺距 P。根据被测螺纹螺距查表 6－1 选择最佳量针直径，将选好的三根量针测量面擦拭干净并挂在三针挂架上。

（3）校正仪器零位。如图 6－3 所示，使刻度套管 5、微分筒 6 的示值对准零。检查微动指示表 8 的示值是否对零，如不对零，用硬纸片夹在两活动测头之间擦一擦，对零后，可以进行测量；如仍然不对零（说明零点偏移），记录读值 Δ，然后进行测量。

（4）将三根量针放入图 6－4 所示的牙型槽中，旋转杠杆千分尺的微分筒 6，使两端活动测头 2、测杆 3 与三针接触，使微分筒 6 上某一刻线与刻度套管 5 的横线对齐，让螺纹在测量方向上微小偏转，读最小拐点的值。

（5）在同一截面相互垂直的两个方向上测量 M 值，按要求在不同截面内测出 M 值。

（6）根据测量结果判断合格性。依据 $d_2 = M - 3d_m + 0.866P$ 计算外螺纹中径，若计算结果在中径极限范围内，则可评定被测螺纹的实际中径为合格，否则不合格。

6. 实验前自测题

（1）本实验用到的仪器名称为________，其分度值为________，用到的测量方法是________。

（2）最佳量针直径的选择与________相关。

（3）判断螺纹中径合格性的条件是________。

7. 实验后思考题

（1）用三针法测量外螺纹中径是否精确，为什么？

（2）请比较用杠杆千分尺与螺纹千分尺测量外螺纹中径的区别？

实验 6.3　大型工具显微镜测外螺纹参数

1. 实验目的

（1）了解大型工具显微镜的结构及测量原理。

（2）掌握用大型工具显微镜测量外螺纹主要参数的方法。

2. 实验内容

本实验采用影像法，用大型工具显微镜测量外螺纹的中径、牙型半角和螺距。

3. 实验设备

本实验用到的设备为大型工具显微镜、被测螺纹。大型工具显微镜可用于一般长度和角度的测量，对外形复杂的零件，如螺纹量规、刀具、齿轮滚刀及轮廓样板也尤为适用。大型工具显微镜的技术规格如下。

（1）纵向测量范围：0 ~ 150mm。

（2）横向测量范围：0 ~ 50mm。

（3）分度值：0.01mm。

（4）圆工作台角度示值范围：0° ~ 360°，分度值 3′。

（5）测角目镜角度示值范围：0° ~ 360°，分度值 1′。

（6）立柱倾斜角度范围：±12°。

工具显微镜分为小型、大型、万能和重型四种，它们的测量精度和测量范围虽然不同，但基本原理是一致的。有的工具显微镜利用投影屏进行读数，新型的工具显微镜带有微处理机和数显装置，其读数精度和测量效率都有显著提高。

图 6 – 6 为大型工具显微镜的外形图，它主要由目镜 1、工作台 7、纵向千分尺 8（测微 4 分尺）、横向千分尺 12（测微 4 分尺）、底座 9、支座 14、立柱 15、悬臂 16 等组成。转动立柱倾转手轮 13，可使立柱绕支座 14 左右摆动。

转动纵向千分尺 8 和横向千分尺 12，可使工作台 7 沿纵、横向移动。转动工作台旋转手轮 10，可使工作台绕轴心线旋转。松开锁紧螺钉 17，转动升降手轮 18，可使显微镜 5 上下移动。

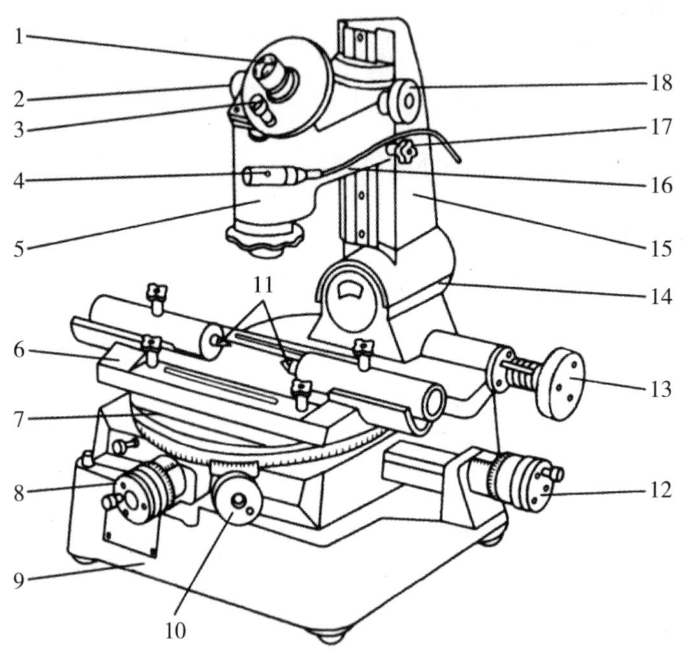

1—目镜；2—刻线旋转手轮；3—角度读数目镜；4—光源；5—显微镜；6—托板；7—工作台；8—纵向千分尺；9—底座；10—工作台旋转手轮；11—顶尖；12—横向千分尺；13—立柱倾转手轮；14—支座；15—立柱；16—悬臂；17—锁紧螺钉；18—升降手轮

图 6－6　大型工具显微镜的外形图①

4. 实验原理

大型工具显微镜的光学系统如图 6－7 所示。由主光源 1 发出的光经聚光镜 2、滤光镜 3、透镜 4、光阑 5、反射镜 6 后垂直向上，再通过透镜 7 和玻璃工作台 8，将被测工件 9 的轮廓经物镜组 10、转像棱镜 11 投射到目镜的焦平面 12 上，从而在目镜 14 中就可以观察被测工件轮廓影像。同时，通过纵、横向千分尺的移动来测得长度尺寸，由角度目镜 13 测出角度值。

① 马惠萍．互换性与测量技术基础案例教程［M］.2 版．北京：机械工业出版社，2019.

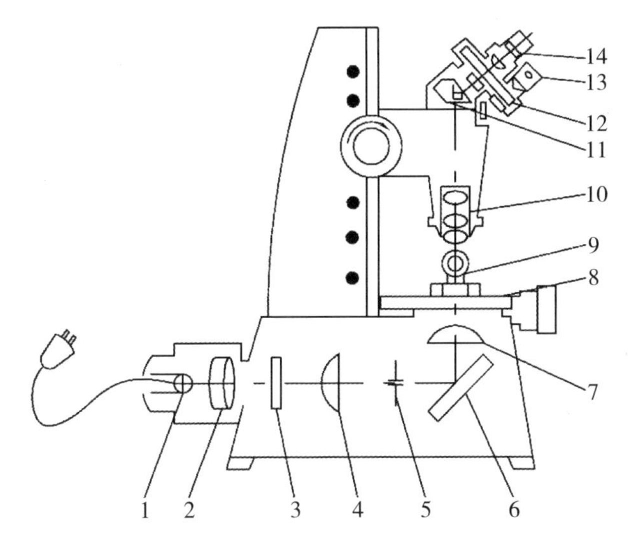

1—主光源；2—聚光镜；3—滤光镜；4—透镜；5—光阑；6—反射镜；
7—透镜；8—玻璃工作台；9—被测工件；10—物镜组；11—转像棱镜；
12—目镜的焦平面；13—角度目镜；14—目镜

图 6－7　大型工具显微镜的光学系统图①

5. 实验步骤

（1）擦净大型工具显微镜及被测螺纹，将被测螺纹小心地安装在大型工具显微镜两顶尖之间。同时，检查工作台圆周刻度是否对准零位。

（2）调节主光源，使主光源的灯丝位于聚光镜的焦点上且成像清晰。

（3）由于螺旋面对轴线是倾斜的，需要按照被测螺纹的螺纹升角，转动立柱倾转手轮调整立柱的倾斜度，使被测螺纹牙型两侧在显微镜中显示同样清晰的图像。

（4）测量中径。对于单线螺纹，它的中径等于在轴截面内，沿着与轴线垂直方向量得的两个相对牙型侧面间的距离。

在测量时，转动横向千分尺，使分划板上的 *A—A* 虚线与牙型角的一侧重合（见图 6－8）。此时，在工作台的横向千分尺上，读取第一个读数。

向螺旋升角反方向偏转镜头，并横向移动工作台，使 *A—A* 虚线和轴的另一侧相应的牙型侧面重合（见图 6－8）。此时，在工作台的横向千分尺上，读取第二个读数。两次读数之差即为被测螺纹的中径。

---

① 马惠萍．互换性与测量技术基础案例教程［M］．2 版．北京：机械工业出版社，2019.

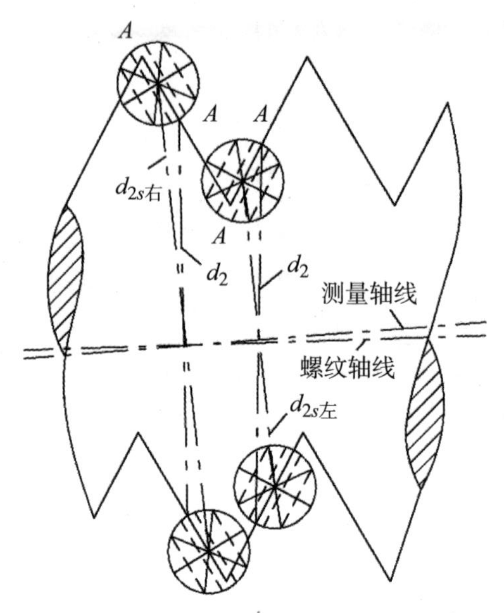

图6-8 影像法测量螺纹中径示意图①

为了减少测量中由于螺纹轴线和工作台纵向偏离给螺纹中径测量造成的误差，应在螺纹牙型两侧分别测量中径，取两次测量结果的算术平均值为实际中径，即

$$d_{2s} = \frac{d_{2s左} + d_{2s右}}{2}$$

中径实际偏差为

$$\Delta d_2 = d_{2s} - d_2$$

（5）测量牙型半角。螺纹牙型半角 $\alpha/2$ 是指在螺纹牙型上，牙型侧面与螺纹轴线垂线间的夹角。测量时，转动纵、横向千分尺和手轮，使目镜中米字线的 A—A 虚线与螺纹影像牙型的左侧影像重合（见图6-9）。此时，角度读数目镜中显示的读数，即为该牙型侧面的半角数值，其读数记为 $\alpha_{左1}/2$ 。

同理，转动手轮，当 A—A 虚线与被测螺纹牙型另一边影像对准时，右边牙型半角读数 $\alpha_{右1}/2$ 。

为了减少被测螺纹轴线与工作台移动方向偏离影响，在螺纹轴线的另一边重复上述测量，得 $\alpha_{左2}/2$ 和 $\alpha_{右2}/2$ 。牙型半角为

---

① 马惠萍．互换性与测量技术基础案例教程［M］.2版．北京：机械工业出版社，2019.

$$\frac{\alpha_{左}}{2} = \frac{(\alpha_{左1}/2 + \alpha_{左2}/2)}{2}$$

$$\frac{\alpha_{右}}{2} = \frac{(\alpha_{右1}/2 + \alpha_{右2}/2)}{2}$$

实际牙型半角和公称值之差，即牙型半角偏差为

$$\frac{\Delta\alpha_{左}}{2} = \frac{\alpha_{左}}{2} - \frac{\alpha}{2}$$

$$\frac{\Delta\alpha_{右}}{2} = \frac{\alpha_{右}}{2} - \frac{\alpha}{2}$$

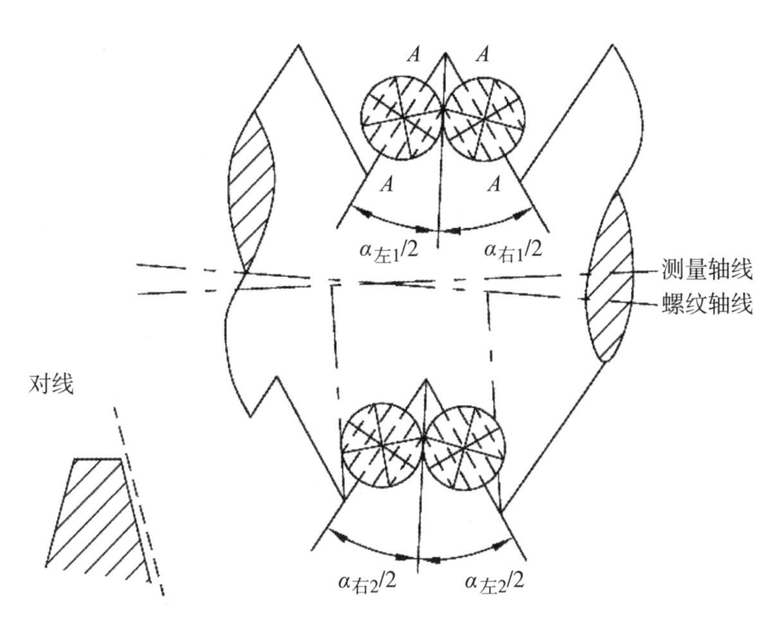

图 6－9　影像法测量牙型半角示意图①

（6）测量螺距。调整镜头，纵向移动工作台，使被测螺纹两侧的轮廓在显微镜中具有同样清晰的图像。转动纵向千分尺和横向千分尺，调整读数目镜，使米字线分划板的 *A*—*A* 虚线和牙型一侧重合（见图 6－10）。此时，读取第一个读数。再纵向移动工作台，使 *A*—*A* 虚线和相邻的牙型同侧轮廓线重合（见图 6－10），再读取第二个读数。两个读数之差即为螺距 *P*。用同样的

① 葛为民，朱定见．互换性与测量技术实验指导［M］.3 版．大连：大连理工大学出版社，2019.

方法可测得几个螺距的累积值 P_n。

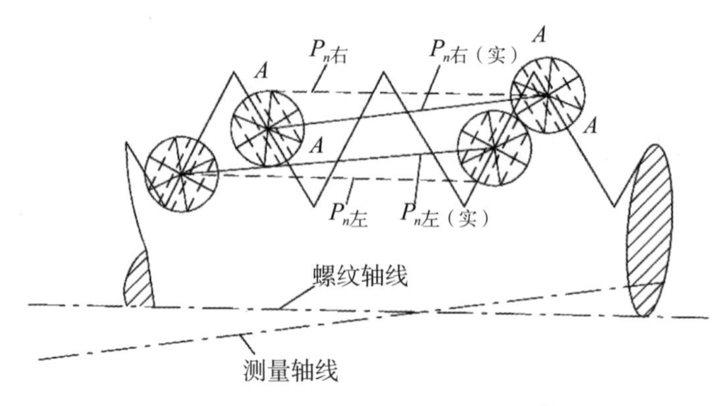

图 6－10　影像法测量螺距示意图①

为了减少螺纹轴线和工作台纵向偏离带来的测量误差，可在牙型左、右侧分别测量螺距，取两测量值的算术平均值为实际螺距，即

$$P_{n实际} = \frac{P_{n左} + P_{n右}}{2}$$

n 个螺距的累积偏差为

$$\Delta P_n = P_{n实际} - P_n$$

（7）计算外螺纹的作用中径。由于外螺纹的作用中径相当于外螺纹的实际中径 d_{2s}、螺距误差中径补偿当量 f_p、牙型半角误差中径补偿当量 $f_{\frac{\alpha}{2}}$ 之和，即

$$d_{2m} = d_{2s} + f_p + f_{\frac{\alpha}{2}}$$

$$f_p = 1.732 \mid \Delta P_n \mid$$

$$f_{\frac{\alpha}{2}} = 0.073P\left(k_1\left|\frac{\Delta\alpha_{左}}{2}\right| + k_2\left|\frac{\Delta\alpha_{右}}{2}\right|\right)$$

对外螺纹，当 $\Delta\alpha_{左}/2$、$\Delta\alpha_{右}/2$ 为正值时，k_1、$k_2=2$；当 $\Delta\alpha_{左}/2$、$\Delta\alpha_{右}/2$ 为负值时，k_1、$k_2=3$。

（8）判断被测外螺纹的合格性。根据螺纹中径合格性的判断准则来判断外螺纹是否合格，对于外螺纹，应满足 $d_{2m} \leqslant d_{2\max}$ 且 $d_{2s} \geqslant d_{2\min}$。

6. 实验前自测题

（1）本实验用到的仪器名称为________，用到的测量方法是________。

① 马惠萍．互换性与测量技术基础案例教程［M］．2 版．北京：机械工业出版社，2019.

（2）本实验所用仪器的长度分度值为________，角度分度值为________。

（3）判断螺纹中径合格性的条件是________。

7. 实验后思考题

用影像法测量螺纹前，为什么要调整立柱的倾斜度，使之与螺旋升角相同？

7 齿轮测量

导 读

齿轮传动的使用要求；齿距偏差及其评定；径向跳动及其评定；齿轮侧隙指标及其评定；径向综合偏差；齿轮径向跳动测量；齿轮公法线长度变动量和公法线长度偏差测量；齿轮分度圆齿厚偏差测量；齿轮双面啮合综合测量。

7.1 齿轮传动的使用要求

齿轮传动在各类机械设备中应用十分广泛，它可以传递运动或动力。齿轮在不同使用场合的传动要求是不同的，可归纳为以下四个主要方面。

（1）传动的准确性。

传动的准确性指齿轮在一转范围内，传动比的变化不超过一定的限度，以保证从动齿轮与主动齿轮运动协调一致。

（2）传动的平稳性。

传动的平稳性要求齿轮在转过一个齿距范围内，瞬时传动比的变化不大，以减少齿轮传动中的冲击、振动和噪声。

（3）载荷分布的均匀性。

载荷分布的均匀性要求齿轮在啮合时，齿轮齿面接触良好，承载均匀，以免引起齿轮上的应力集中，造成局部损伤和断齿，影响齿轮的使用寿命。

（4）传动间隙的合理性。

齿侧间隙（简称侧隙）、热变形和弹性变形会产生传动间隙。合理的传动间隙能防止齿轮在工作中发生卡死或齿面烧蚀现象。一般来说，为使齿轮传动性能好，对齿轮传动的准确性、传动的平稳性、载荷分布的均匀性及传动间隙合理性均应提出较高的要求，但这种做法是不经济的。

实际中对不同用途的齿轮，其使用要求应有所侧重。例如，读数与分度齿轮主要用于测量仪器的读数装置、精密机床的分度机构与伺服系统的传动装置，这类齿轮的工作载荷与转速都不大，主要使用要求是传动的准确性。机床和汽车变速箱中变速齿轮传动的侧重点是传动的平稳性，以降低振动和噪声。传递动力的齿轮，如轧钢机、起重机与矿山机械中的齿轮，主要用于传送转矩，它们的使用要求侧重载荷分布的均匀性，以保证承载能力。而汽轮机减速器中的高速重载齿轮传动，由于传递功率大，圆周速度快，对传动平稳性有极严格的要求，对传动的准确性和载荷分布的均匀性也有较高要求，同时要求很大的侧隙，以补偿较大的热变形和保证较大流量的润滑油通过。至于齿轮副侧隙，无论任何齿轮，为保证其传动灵活，都必须留有一定的侧隙。尤其是仪表齿轮，保证一定的侧隙是非常必要的。也有四个方面使用要求都较低的齿轮，如手动调整用的齿轮。

7.2　齿距偏差及其评定

GB/T 10095.1—2008 中用于控制齿轮实际齿廓圆周分布位置变动的齿距精度要求有三项：单个齿距偏差 Δf_{pt}、齿距累积偏差 ΔF_{pk} 和齿距累积总偏差 ΔF_p。评定齿轮传动准确性时的应检指标是齿距累积总偏差 ΔF_p，有时还要增加齿距累积偏差 ΔF_{pk}。

单个齿距偏差 Δf_{pt} 指在端平面上，接近齿高中部的一个与齿轮轴线同心的圆上实际齿距与理想齿距的代数差。

齿距累积偏差 ΔF_{pk} 是指任意 k 个齿距的实际弧长与理论弧长的代数差。

齿距累积总偏差 ΔF_p 是指齿轮同侧齿面任意弧段（$k=1$ 至 $k=z$）内的最大齿距累积偏差，它表现为齿距累积偏差曲线的总幅值。

测量一个齿轮的 ΔF_p 和 ΔF_{pk} 时，它们的合格条件是：ΔF_p 不大于齿距累积总公差 F_p（$\Delta F_p \leqslant F_p$）；所有的 ΔF_{pk} 都在齿距累积极限偏差 $\pm F_{pk}$ 的范围内（$-F_{pk} \leqslant \Delta F_{pk} \leqslant F_{pk}$），即 $\Delta F_{pk\max} \leqslant F_{pk}$。

7.3　径向跳动及其评定

齿轮径向跳动 ΔF_r 是指将测头相继放入被测齿轮每个齿槽内，当接近齿高中部的位置与左、右齿面接触时，从测头到该齿轮基准轴线的最大距离与最小距离之差。

齿轮径向跳动 ΔF_r 可用齿轮径向跳动测量仪来测量。可使用与被测齿轮模数大小相适应的球形或圆锥形测头，依次放入每个齿槽测量，测出的各示值中最大与最小示值之差即为 ΔF_r。

被测齿轮径向跳动 ΔF_r 可用来评定齿轮传动的准确性，它的合格条件是不大于齿轮径向跳动公差 F_r（$\Delta F_r \leqslant F_r$）。

7.4 齿轮侧隙指标及其评定

齿轮副侧隙的大小与齿轮齿厚减薄量有密切的关系。齿轮齿厚减薄量可以用齿厚偏差或公法线长度偏差来评定。

（1）齿厚偏差。

齿厚偏差 ΔE_{sn} 是指在分度圆柱面上，实际齿厚与公称齿厚之差。

齿厚采用分度圆弧长计值（弧齿厚）。但弧长不便于测量，因此，实际上是按分度圆上的弦齿高定位来测量弦齿厚。

公称弦齿高 h_c，公称弦齿厚 s_{nc} 及其上、下偏差 E_{sns}、E_{sni}。齿厚偏差 ΔE_{sn} 的合格条件是它在齿厚极限偏差范围内（$E_{sni} \leqslant \Delta E_{sn} \leqslant E_{sns}$）。

（2）公法线长度偏差。

公法线长度偏差 ΔE_{bn} 是指在齿轮转动一周范围内，实际公法线长度 $W_{kactual}$ 与公称公法线长度 W_k 之差。其上、下偏差为 E_{bns}、E_{bni}。公法线长度偏差 ΔE_{bn} 的合格条件是它在其极限偏差范围内（$E_{bni} \leqslant \Delta E_{bn} \leqslant E_{bns}$）。

7.5 径向综合偏差

径向综合偏差包括两项：径向综合总偏差 $\Delta F_i''$ 和一齿径向综合偏差 $\Delta f_i''$。

径向综合总偏差 $\Delta F_i''$ 是指被测齿轮与测量齿轮双面啮合时，在被测齿轮一转内双啮心距的最大值与最小值之差。一齿径向综合偏差 $\Delta f_i''$ 是指在被测齿轮一转中对应一个齿距范围内的双啮中心距变动量，取其中的最大值 $\Delta f_{i\max}''$ 作为评定值。

径向综合总偏差 $\Delta F_i''$ 的测量效果相当于齿轮径向跳动 ΔF_r 的测量，则 $\Delta F_i''$

可用来评定齿轮传动准确性的精度。$\Delta f_i''$可用来评定齿轮传动平稳性的精度。被测齿轮 $\Delta F_i''$和 $\Delta f_i''$的合格条件是：$\Delta F_i''$不大于径向综合总公差 F_i''（$\Delta F_i'' \leqslant F''_i$），$\Delta f_{i\max}''$不大于一齿径向综合公差$f''_i$（$\Delta f_{i\max}'' \leqslant f''_i$）。

7.6 实验

实验 7.1 齿轮径向跳动测量

1. 实验目的

（1）了解测量齿轮径向跳动的意义及其在齿轮传动中的影响。

（2）熟悉用齿轮径向跳动测量仪测量齿轮径向跳动的方法。

（3）掌握评定齿轮径向跳动合格性的方法。

2. 实验内容

径向跳动可用齿轮径向跳动测量仪、万能测齿仪、偏摆检查仪、齿轮测量中心等仪器测量。本实验采用齿轮径向跳动测量仪测量齿轮径向跳动误差。

3. 实验设备

本实验用到的实验设备有齿轮径向跳动测量仪、齿轮、齿轮芯轴。齿轮径向跳动测量仪结构如图 7－1 所示。齿轮径向跳动测量仪的基本技术性能如下。

（1）指示表分度值：0.01mm。

（2）测量范围（模数）：1～10mm。

（3）可测齿轮直径 D：≤350mm。

无论采用哪种齿轮测量仪器和何种形式的测头，均应在测量前根据被测齿轮模数选择适当大小的测头，以保证测头在齿高中部附近与齿轮双面接触。

4. 实验原理

齿轮径向跳动 ΔF_r 是指被测齿轮在一转范围内，测头依次在每个齿槽内或在齿轮与齿高中部双面接触时，测头相对于齿轮基准轴线径向位置的最大变动量，如图 7－2 所示。

测量时，将齿轮用心轴安装在两顶尖之间，使测头在齿槽内。然后，逐齿测量测头相对于齿轮基准轴线的变动量，则指示表上最大、最小读数之差为齿轮径向跳动。

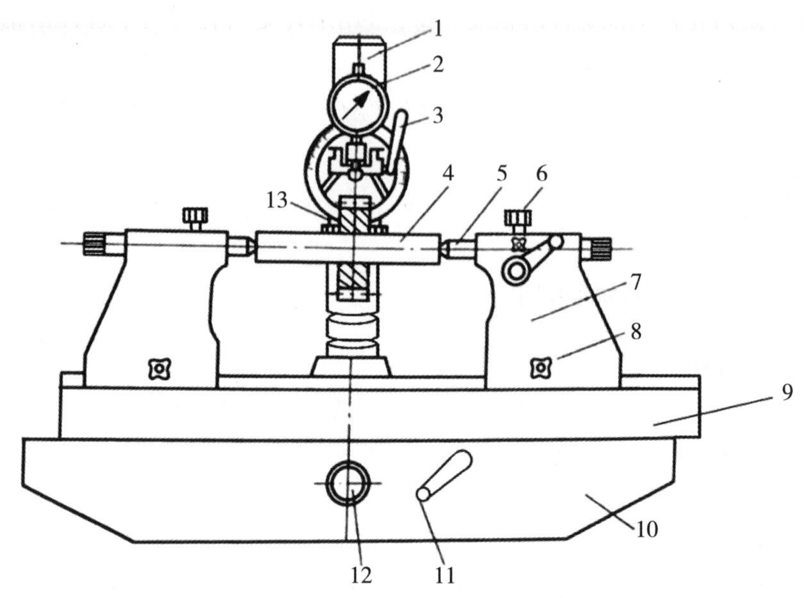

1—立柱；2—指示表；3—测量扳手；4—芯轴；5—顶尖；6—顶尖锁紧螺钉；
7—顶尖座；8—顶尖座锁紧螺钉；9—滑台；10—底座；11—滑台锁紧螺钉；
12—滑台移动手轮；13—齿轮

图 7－1　齿轮径向跳动测量仪结构图①

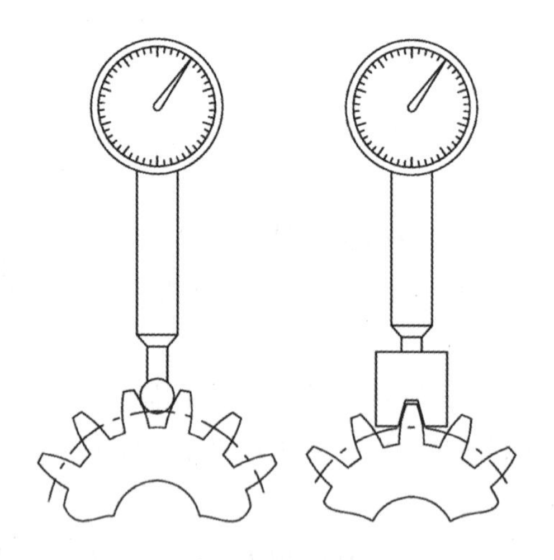

图 7－2　齿轮径向跳动测量示意图

① 葛为民，朱定见．互换性与测量技术实验指导［M］.3 版．大连：大连理工大学出版社，2019.

5. 测量步骤

（1）安装齿轮。

将被测齿轮套上心轴并安装在齿轮径向跳动测量仪的两顶尖之间。注意调整两个顶尖之间的距离，使其转动灵活且无轴向窜动，拧紧顶尖座上的锁紧螺钉。

（2）选择测头。

测头有两种形式，一种是球形，另一种是锥形（V 形）。若采用球形测头，应根据被测齿轮模数选择适当直径的测头，并装在指示表的测杆上。

（3）调整测量部位。

首先，松开滑台锁紧螺钉，转动滑台移动手轮，移动滑台使指示表测头位于齿轮齿宽中部，拧紧滑台锁紧螺钉。其次，旋转升降调节螺母，将测头下降到齿槽内，与齿轮的两齿廓面相接触，并使指示表指针压缩 1 ~2 圈，拧紧指示表架锁紧螺钉。最后，转动指示表的表盘，将指示表的指针对准零刻线。

（4）进行测量。

抬起测量扳手，让被测齿轮转过一个齿，然后放下测量扳手，使测头移入第一个齿槽内，记下指示表的读数。按上述方法，逐齿测量一圈范围内的读数值，取其中最大与最小值之差，即为齿轮径向跳动 ΔF_r 。

（5）结论。

查出齿轮径向跳动公差，按照齿轮径向跳动的合格条件 $\Delta F_r \leqslant F_r$，判断被测齿轮径向跳动的合格性。

6. 实验前自测题

（1）本实验用到的仪器名称为________，用到的测量方法是________。

（2）本实验所用指示表的分度值为________。

（3）测量时，将测头移入齿槽，从指示表上读数，逐齿测量一圈，________即为齿轮径向跳动。

（4）评定齿轮径向跳动 ΔF_r 合格性的条件为________。

7. 实验后思考题

（1）齿轮径向跳动 ΔF_r 产生的原因是什么？它对齿轮传动有何影响？

（2）齿轮径向跳动 ΔF_r 能反映切向误差吗？为什么？

实验7.2 齿轮公法线长度变动量和公法线长度偏差测量

1. 实验目的

（1）加深对齿轮公法线长度变动量ΔF_w与公法线长度偏差ΔE_{bn}含义的理解。

（2）熟悉齿轮公法线长度变动量的测量方法。

（3）掌握评定齿轮公法线长度变动量和公法线长度偏差合格性的方法。

2. 实验内容

本实验用公法线千分尺测量齿轮公法线长度变动量ΔF_w和公法线长度偏差ΔE_{bn}。

3. 实验设备

本实验用到的设备有公法线千分尺、被测齿轮。公法线千分尺主要用于测量模数在0.5mm以上外啮合直齿、变位直齿和斜齿圆柱齿轮的公法线长度、公法线长度变动量及公法线长度偏差。亦可用于测量工件特殊部位的厚度，如筋、键、成型刀具的刃等。公法线千分尺的主要技术参数如下。

（1）分度值：0.01mm。

（2）测量范围：0～25mm、25～50mm、50～75mm、75～100mm、100～125mm、125～150mm等。

本实验采用公法线千分尺（见图7－3）测量ΔF_w和ΔE_{bn}，其结构原理、使用方法、读数方法与普通千分尺一样。仅仅是将测砧根据测量要求被设计成碟形，以使碟形测砧能伸进齿间进行测量。

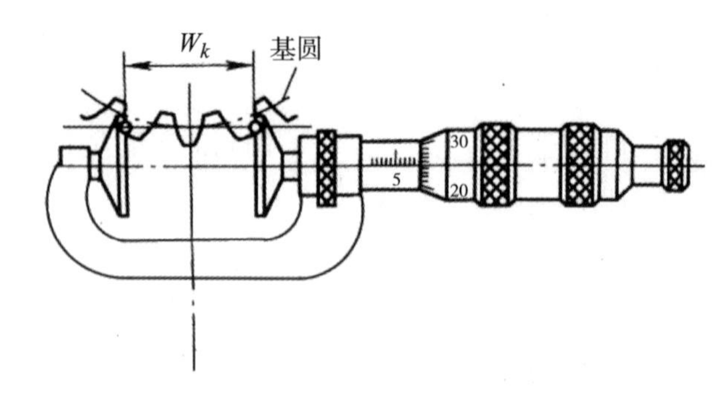

图7－3 公法线千分尺结构图①

① 刘宁，陈云，周杰．互换性与技术测量基础［M］．北京：国防工业出版社，2013.

4. 实验原理

公法线长度变动量 ΔF_w是指在齿轮一周范围内，实际公法线长度的最大值与最小值之差。

公法线长度偏差 ΔE_{bn}是指实际公法线长度与公法线长度公称值之差。

公法线长度公称值 W_k是指跨越几个齿的两异侧齿廓的平行切平面间的距离。齿轮与测砧的两个接触点的连线与基圆相切，因而需要选择适当的跨齿数。测量标准直齿圆柱齿轮的公法线长度时，跨齿数 n 的计算公式为

$$n = z\frac{\alpha}{180^\circ} + 0.5$$

式中，z——齿轮的齿数；

α——齿轮的基本齿廓角。

由于 n 的计算值通常不为整数，因此需要将 n 的计算值近似取整。

按公式计算（或查出）公法线长度公称值 W_k。

$$W_k = m\cos\alpha[\pi(n - 0.5) + z\,inv\alpha] + 2X\sin\alpha$$

式中，m——齿轮模数；

$inv\ \alpha = \mathrm{tg}\alpha - \alpha$；

X——修正系数。

对于直齿圆柱齿轮，$\alpha = 20^\circ$，$X = 0$，则

$$W_k = m[1.476(2n - 1) + 0.014z]$$

5. 实验步骤

（1）计算跨齿数 n 和公法线长度公称值 W_k。

根据被测齿轮的模数、齿数、基本齿廓角等参数计算跨齿数 n 和公法线长度公称值 W_k。

（2）校对量具零位。

用棉花浸汽油或无水酒精将公法线千分尺两测量面擦净后，检查零位读数的正确性。记下零位示值误差，以其负值作为修正值。

（3）得到公法线长度变动量 ΔF_w和公法线长度偏差 ΔE_{bn}。

依次沿整个圆周测量所有公法线长度。其中最大值 $W_{k\max}$与最小值 $W_{k\min}$之差，即为公法线长度变动量 ΔF_w。这些测量值的平均值即为公法线长度偏差 ΔE_{bn}的数值。E_{bns}为上偏差，E_{bni}为下偏差。

$$\Delta F_w = W_{k\max} - W_{k\min}$$

$$E_{bns} = W_{k\max} - W_k$$

$$E_{bni} = W_{k\min} - W_k$$

（4）评定合格性合格条件为

$$\Delta F_w \leqslant F_w$$

$$E_{bni} \leqslant \Delta E_{bn} \leqslant E_{bns}$$

（5）依据测量结果，得出实验结论。

6. 实验前自测题

（1）本实验用到的仪器名称为________，用到的测量方法是________。

（2）公法线千分尺与普通千分尺的不同之处在于测砧被设计成________。

（3）评定公法线长度变动量 ΔF_w 合格性的条件为________。

（4）评定公法线长度偏差 ΔE_{bn} 合格性的条件为________。

7. 实验后思考题

（1）求出公法线长度变动量 ΔF_w 与公法线长度偏差 ΔE_{bn} 的目的是什么？

（2）只测量公法线长度变动量，能否保证齿轮传动的准确性？为什么？

实验 7.3　齿轮分度圆齿厚偏差测量

1. 实验目的

（1）加深理解齿厚偏差的定义及其对齿轮传动的影响。

（2）熟悉齿厚偏差的测量方法及有关参数的计算。

（3）掌握评定齿轮分度圆齿厚偏差合格性的方法。

2. 实验内容

本实验用齿厚游标卡尺测量齿轮分度圆齿厚偏差，属于直接测量法。

3. 实验设备

实验设备有齿厚游标卡尺、被测齿轮。齿厚游标卡尺的主要技术指标如下。

（1）分度值：0.02mm。

（2）测量模数：1～22mm 和 1～26mm 两种。

齿轮齿厚测量常用齿厚游标卡尺（见图 7－4）。齿厚游标卡尺由两个相互垂直的主尺构成，比普通的游标卡尺多了一个垂直主尺。垂直主尺用来控制测量部位的高度。当水平主尺量爪卡在轮齿上，同时高度定位尺与齿顶相切时，可在水平游框读出齿厚值。

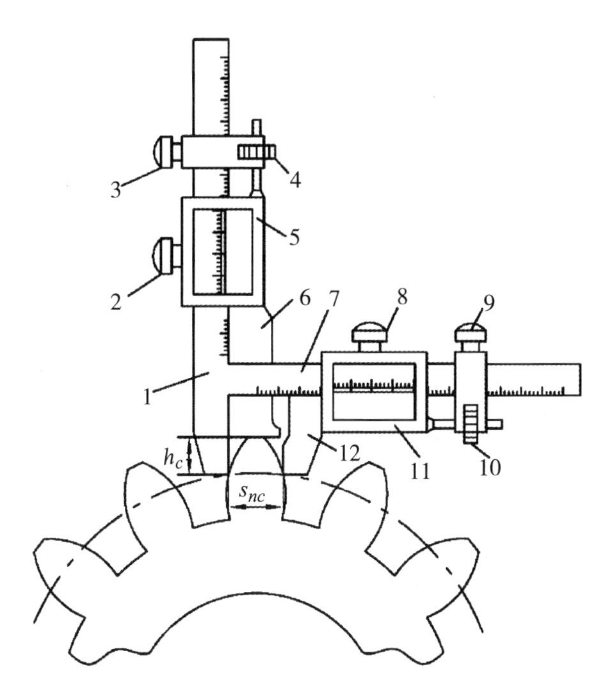

1—垂直主尺；2，8—游框紧固螺钉；3，9—微调紧固螺钉；4，10—微调螺旋；
5，11—游框；6—高度定位尺；7—水平主尺；12—量爪

图 7-4　齿轮齿厚测量示意图①

4. 实验原理

测量齿厚是为了反映齿轮传动时齿侧间隙的大小，以判断齿轮是否具备齿轮传动必需的齿侧间隙，通常是测量分度圆上的弦齿厚。公称弦齿高 h_c 和公称弦齿厚 s_{nc} 的计算方法如下所示。

$$h_c = m\left[1 + \frac{z}{2}\left(1 - \cos\frac{90°}{z}\right)\right]$$

$$s_{nc} = mz\sin\frac{90°}{z}$$

式中，m——模数（mm）；

z——齿数。

上式中 h_c 是按公称齿顶圆直径 d_a 计算的，它需要根据实际齿顶圆直径 d_a' 增加一个实际半径偏差。因此，实际调整的弦齿高 h_c' 应为

① 马德成．机械零件测量技术及实例［M］．北京：化学工业出版社，2013.

$$h'_c = h_c + \frac{1}{2}(d'_a - d_a)$$

$$d_a = m(z + 2)$$

5. 实验步骤

（1）根据被测齿轮的参数，计算公称弦齿高 h_c 与公称弦齿厚 s_{nc}。

（2）用外径千分尺测出实际齿顶圆直径 d'_a。

（3）按公式计算实际弦齿高 h'_c 的值，并以此值来调整垂直主尺游标高度，即用微调紧固螺钉将高度定位尺调整到要求的实际弦齿高 h'_c，并紧固螺钉。

（4）将齿厚游标卡尺置于被测齿轮的轮齿上，使垂直主尺与轮齿齿顶正中接触。然后移动水平主尺的量爪，使之与轮齿的左、右齿面接触（用透光法判断接触状况，不得有空隙），从水平主尺上读出分度圆弦齿厚的实际尺寸 s'_{nc}。

（5）分别在齿轮圆周三等分处（间隔 120°）进行测量。

（6）用分度圆实际弦齿厚 s'_{nc} 减去公称弦齿厚 s_{nc}，即为分度圆齿厚偏差 ΔE_{sn}。

（7）根据齿厚偏差合格条件，判定其是否合格。

6. 实验前自测题

（1）本实验用到的仪器名称为________，用到的测量方法是________。

（2）齿厚游标卡尺比普通的游标卡尺多了一个________。

（3）测量分度圆弦齿厚的实际尺寸时，应先调整垂直主尺游标高度为________。

（4）评定齿厚偏差 ΔE_{sn} 合格性的条件为________。

7. 实验后思考题

（1）为什么要进行齿轮齿厚偏差的测量？

（2）说出齿厚偏差 ΔE_{sn} 和公法线长度偏差 ΔE_{bn} 有何联系？

实验 7.4　齿轮双面啮合综合测量

1. 实验目的

（1）深入了解测量齿轮径向综合总偏差 $\Delta F''_i$ 和一齿径向综合偏差 $\Delta f''_i$ 的目的。

（2）熟悉齿轮双面啮检查仪的测量原理和使用方法。

（3）掌握评定齿轮径向综合总偏差 $\Delta F''_i$ 和一齿径向综合偏差 $\Delta f''_i$ 合格性的方法。

2. 实验内容

本实验用齿轮双面啮合检查仪测量齿轮径向综合总偏差 $\Delta F_i''$ 和一齿径向综合偏差 $\Delta f_i''$。测量径向综合总偏差 $\Delta F_i''$ 和一齿径向综合偏差 $\Delta f_i''$ 时，将被测齿轮与理想测量齿轮双面啮合来测量。在被测齿轮转动一周时，双啮中心距的最大变动量（即最大值与最小值之差）为测量径向综合总偏差 $\Delta F_i''$。一齿径向综合偏差 $\Delta f_i''$ 为被测齿轮在一个齿距角内，双啮中心距的变动量，取其中的最大值 $\Delta f_{i\max}''$ 作为评定值。

3. 实验设备

本实验用到的设备有齿轮双面啮合检查仪（简称双啮仪）、被测齿轮。双啮仪可用来测量齿轮一转范围内的径向综合总偏差和一齿径向综合偏差。其基本技术性能指标如下。

（1）分度值：0.01mm（百分表）。

（2）示值范围：0 ~ 1mm（百分表）。

（3）测量范围：中心距 $a = 50 \sim 320$mm。

（4）模数：$m = 1 \sim 10$mm。

齿轮双面啮合综合测量是在双啮仪上进行。齿轮双面啮合检查仪结构如图 7 - 5 所示。综合测量偏差包括径向综合总偏差 $\Delta F_i''$ 和一齿径向综合偏差最大值 $\Delta f_{i\max}''$。

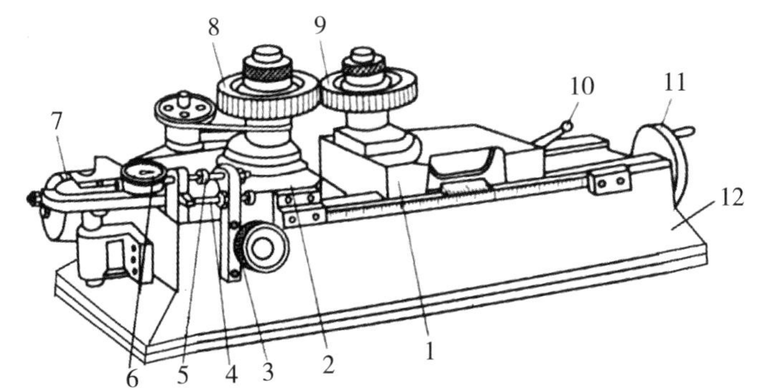

1—固定滑座；2—浮动滑座；3—偏心器；4—止动锁钉；5—平头螺钉；6—指示表；7—记录器；8—测量齿轮；9—被测齿轮；10—锁定装置；11—手轮；12—底座

图 7 - 5 齿轮双面啮合检查仪测量示意图①

① 徐红兵，王亚元，杨建风．几何量公差与检测实验指导书［M］．2 版．北京：化学工业出版社，2012.

4. 实验原理

双啮仪的测量参数是双啮中心距。如图 7－5 所示，测量时，将被测齿轮 9 安装在固定滑座 1 上，测量齿轮 8 空套在浮动滑座 2 上，借弹簧作用力使被测齿轮和测量齿轮双面啮合（要求无侧隙）。由于被测齿轮有误差，当被测齿轮转动时，将推动测量齿轮与浮动滑座左右移动，使双啮中心距发生变化，变动量可由指示表读出。

5. 实验步骤

（1）将被测齿轮 9 安装在固定滑座 1 的心轴上，转动偏心器 3，将浮动滑座大致调整在浮动范围的中间位置。旋转手轮 11 使被测齿轮 9 与测量齿轮 8 双面啮合，然后用锁定装置 10 锁紧固定滑座 1。

（2）调节指示表 6，使指示表压缩 1～2 圈，并对准零位。

（3）放松偏心器 3，用手轻轻转动被测齿轮一周，记下指示表指针的最大变动量（最大值与最小值之差），即为齿轮径向综合总偏差 $\Delta F_i''$。

（4）在被测齿轮转动一齿距时，从指示表读出双啮中心距的变动量 $\Delta f_i''$，取最大值 $\Delta f_{i\,\max}''$ 作为评定值。

（5）被测齿轮 $\Delta F_i''$ 和 $\Delta f_i''$ 的合格条件是 $\Delta F_i''$ 不大于径向综合总公差 F_i''（$\Delta F_i'' \leqslant F_i''$），$\Delta f_{i\,\max}''$ 不大于一齿径向综合公差 f_i''（$\Delta f_{i\,\max}'' \leqslant f_i''$）。

（6）判断被测齿轮的合格性。

6. 实验前自测题

（1）本实验用到的仪器名称为________，用到的测量方法是________。

（2）评定齿轮径向综合总偏差 $\Delta F_i''$ 合格性的条件为________。

（3）评定一齿径向综合偏差 $\Delta f_i''$ 合格性的条件为________。

7. 实验后思考题

（1）径向综合总偏差 $\Delta F_i''$ 和一齿轮径向综合偏差 $\Delta f_i''$ 分别反映齿轮的哪些加工误差？

（2）齿轮双面啮合综合测量的优点和缺点是什么？

8　坐标测量技术

导 读

坐标测量技术的原理；现代坐标测量技术与传统测量技术的比较；三坐标测量机的分类；三坐标测量机测量箱体；影像测量仪测量。

8.1　现代坐标测量技术

1. 坐标测量技术的原理

对几何形状进行评定的前提是需要确定几何量，而几何量可以通过空间点来测量。因此，需要对空间点坐标进行精确地采集。坐标测量机的基本原理是将被测工件放在工作台上，通过测头与被测工件接触，测出被测工件表面的点在空间 X、Y、Z 三个方向的数值，经过计算机对这些点的空间坐标数值进行处理，拟合出被测工件测量元素，并通过计算得出相应的几何量。

随着光栅尺、容栅、磁栅和激光干涉仪的出现，测量技术不断提升，几何量的测量与处理也朝着数字化、智能化的方向发展。

2. 现代坐标测量技术与传统测量技术的比较

相对于传统测量技术需要的人工操作，现代坐标测量技术提供了更多的测量方式和更便利的后续处理工作，只要测量机的测头对准被测工件，就可以测出被测工件的几何尺寸和空间位置；从测量原理角度来说，现代坐标测量技术是通过数学或数字模型进行比较测量，比传统的需要实体标准或运动标准比较测量，更方便、快捷与精确。现代坐标测量技术的测量方式与记录方式也更好地体现了适应性、数字化和智能化。现代坐标测量技术与传统测量技术的不同点如表 8－1 所示。

表 8-1　现代坐标测量技术与传统测量技术的比较

不同点	传统测量技术	现代坐标测量技术
工件调整	需要人为对工件进行调整，以确保测量精确	不需要对工件进行特殊调整
适应性	专用测量仪和多工位测量仪很难适应测量任务的改变	简单调用相应的软件完成测量任务
测量原理	与实体标准或运动标准进行比较测量	通过数学或数字模型进行比较测量
测量方式	尺寸、形状和位置测量需要在不同的仪器上进行	尺寸、形状和位置评定可一次性完成
记录方式	手工记录测量数据	生成完整的数字信息，完成报告输出、统计分析和 CAD 设计

8.2　三坐标测量机的分类

三坐标测量机多用于产品测绘、复杂工件检测、工夹具测量等。按照机械结构和驱动方式的不同，可对其进行如下分类。

（1）按照机械结构的不同，三坐标测量机可分为龙门式、桥式和悬臂式。

①龙门式。龙门式测量机一般采用双光栅、双驱动等技术，具有较高的精度。它适合于航空、航天、造船行业的大型工件或大型模具测量。

②桥式。桥式测量机具有视野开阔、运动速度快、测量精度高、工件安装便利等特点。它常用于产品开发和复杂工件的检测，是使用最为广泛的一种类型。

③悬臂式。悬臂式测量机具有开敞性好、测量范围大的特点，但测量精度相对较低。它常用于车间划线、简单工件的测量，如汽车钣金件的测量。

（2）按驱动方式的不同，三坐标测量机可分为手动型、机动型和自动型。

①手动型。手动型测量机是通过手工的方式来对被测工件表面进行采点，其测量精度差，但价格相对较便宜。

②机动型。机动型测量机是通过电机驱动的方式来实现采点的。

③自动型。自动型测量机是通过计算机控制测量机进行自动采点，可以实现自动测量，精度高。

8.3　实验

实验 8.1　三坐标测量机测量箱体

1. 实验目的

（1）了解三坐标测量机的测量原理。

（2）掌握三坐标测量机的使用方法。

2. 实验内容

本实验用 DRAGON 1586 三坐标测量机来测量箱体类工件。

3. 实验设备

DRAGON 1586 三坐标测量机是移动桥式三坐标测量机，主要由测量机主机、控制系统、测量软件、测头系统组成。其基本技术性能指标如下。

（1）测量范围：$x=800$mm，$y=1500$mm，$z=600$mm。

（2）空间测量示值误差：$E \leqslant (5.0+L/200)$ μm。

（3）探测误差：$R \leqslant 3.9$μm。

（4）分辨率：0.5μm。

4. 实验原理

测量机 X、Y、Z 三个坐标轨道上都有高精度光栅尺，移动机构上装有读取光栅信号的读数头。确定零位后，当读数头与光栅尺产生相对运动时，读数头所读取的数据是被测工件在三坐标测量机下的坐标值。然后，坐标值通过控制系统传递到电脑软件，经过数学运算，求出被测工件的几何尺寸、形状和位置公差。

测量时，操作员通过操纵盒或控制器使测量机运动，直到测头接触工件，此时传感器发出触发信号，控制系统锁存光栅信号并进行误差计算，随后将处理好的数据发送给计算机。若测量点的数量足够，计算机将根据选择功能进行拟合运算；若测量点的数量不足，则继续进行下一个点的测量。测量过程如图 8－1 所示。

5. 实验步骤

（1）固定被测工件。

选择合适的夹具，将被测工件固定在测量工作台上。

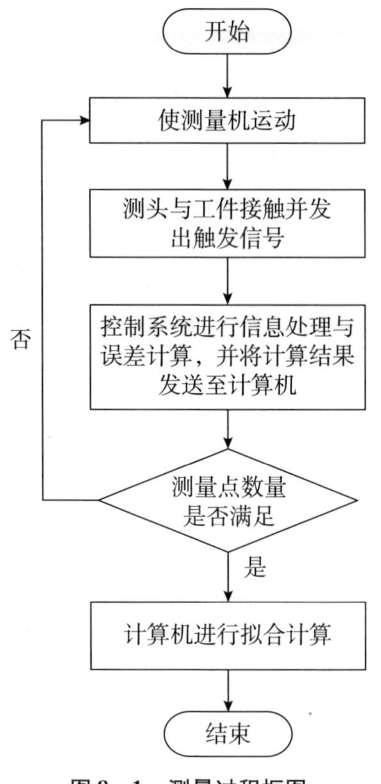

图 8－1　测量过程框图

（2）测头校正。

当使用测量机进行工件测量时，首先要进行测头校正，这样可以减少工件测量的误差。

（3）建立工件坐标系。

321 坐标系的建立可以形成一个完整的工件坐标系。

①测三点确定一个坐标平面。

在所选的第一个基准面上至少测三点，用测量点求出或拟合出平面法线的方向作为工件坐标系第一轴的方向（这相当于空间旋转确定第一轴方向）。软件在完成这一步的同时，使坐标原点沿第一轴进行第一次平移。将坐标原点移到了第一个基准面上，让该基准面成为新坐标系的一个坐标平面。

②测两点确定一条坐标轴。

在所选的第二个基准面上至少测两点，用测量点在第一个基准面上的投影点求出或拟合出一条直线，将该直线作为工件坐标系的第二轴（这相当于平面旋转确定第二轴）。根据右手法则可以确定工件坐标系第三轴的方向。这一步骤包括将坐标原点沿第三轴的方向进行第二次平移，将坐标原点移到了第二轴上。

③测一点确定坐标原点。

在所选的第三个基准面上测一点，用该点在第二轴上的投影点作为工件坐标系的坐标原点。

选择 321 坐标系建立工具时，将弹出相应的窗口，如图 8－2 所示。

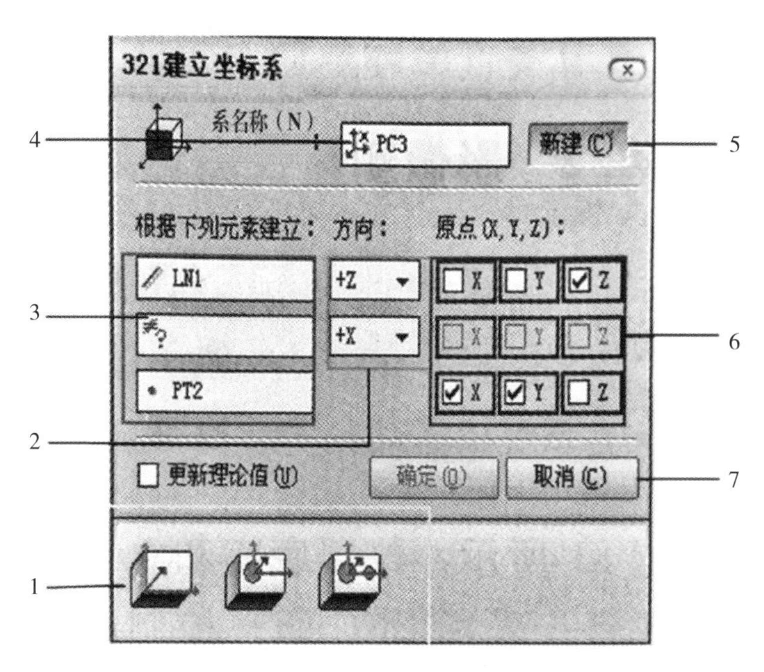

1—基准元素；2—轴选择区；3—基准元素输入区；4—坐标系名称输入框；5，7—功能按钮；6—原点选择区

图 8－2　321 建立坐标系窗口①

（4）几何特征的测量和构造。

①测量功能。在主工具条（见图 8－3）中点击测量元素工具区打开元素测量窗口。首先，在元素测量窗口中选取需要测量的元素，如点、直线、圆、圆弧、矩形等。其次，选择测量方法，选择手动测量或自动测量，手动测量是手工移动测头来完成测量，自动测量是让测头沿着设置好的运行轨迹自动测量。

① 马惠萍．互换性与测量技术基础案例教程［M］．2 版．北京：机械工业出版社，2019.

1—测量元素工具区；2—公差工具区；3—坐标系工具区；
4—测头工具区；5—构造工具区

图 8-3　主工具条①

②构造功能。构造工具区需要自己构造测量元素，如两圆心之间的距离等。在构造窗口中进行操作并生成元素。

（5）合格性判断。

对于工件合格性的判断，在测量时，可输入被测元素的公差，系统会将测量结果和公差进行比较，判断工件的合格性。

6. 实验前自测题

（1）三坐标测量机由________、________、________和________组成。

（2）本实验测量前需建立________坐标系。

7. 实验后思考题

为什么一定要进行测头校正，如果不进行校正会出现什么情况？

实验 8.2　影像测量仪测量

1. 实验目的

（1）了解影像测量仪的测量原理。

（2）掌握影像测量仪的使用方法。

2. 实验内容

本实验利用彩色 CCD 摄像机来获取被测工件的图像，通过控制系统的传递和数字测量系统的计算来确定测量元素，属于非接触式的测量。能够测量的元素包括点、直线、圆、平面、螺纹等。

3. 实验设备

本实验主要介绍 VMS—3020H 自动影像测量仪的使用，其系统结构如图 8-4 所示。其总体结构可分为四大部分。

（1）结构主体：包括花岗岩底座组、立柱、工作台，以及 *X* 向、*Y* 向、*Z*

① 马惠萍．互换性与测量技术基础案例教程［M］．2 版．北京：机械工业出版社，2019.

向马达传动机构。

（2）影像系统（成像瞄准用）：包括变倍镜头5、彩色CCD摄像机（在外罩9内）。

（3）控制系统：采用运动控制卡实现 X、Y、Z 三轴电机控制。支持操纵盒操作，用户可以通过操纵盒控制机台运动。

（4）数字测量系统：包括 X 向、Y 向、Z 向光栅尺11、13、7。

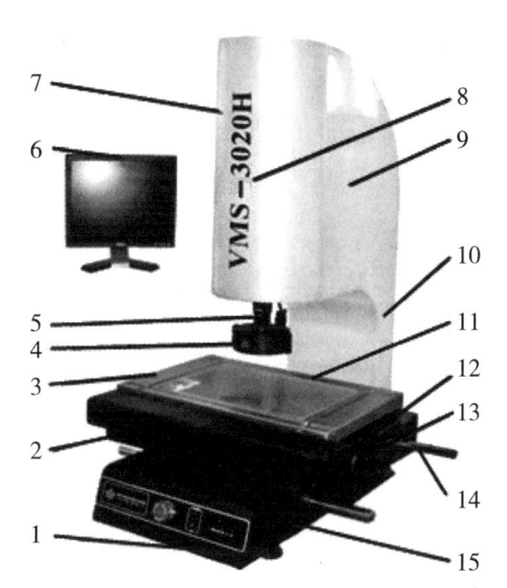

1—关节底脚；2—Y向马达传动机构；3—工作台；4—表面光照明组；5—变倍镜头；6—彩色显示器；7—Z向光栅尺；8—Z向马达传动机构；9—外罩；10—立柱；11—X向光栅尺；12—X向马达传动机构；13—Y向光栅尺；14—搬运手柄；15—花岗岩底座组

图8－4　VMS—3020H自动影像测量仪①

VMS—3020H自动影像测量仪的基本技术性能指标如下。

（1）测量范围 $X \times Y \times Z$：270mm×170mm×150mm。

（2）示值误差：$E \leqslant (2.5 + L/100)$ μm。

（3）分辨率：0.5μm。

（4）操作方式：全自动数控。

（5）工作台最大载荷：15k。

① 资料来源：广东万濠精密仪器股份有限公司的《VMS—3020H自动影像测量仪说明书》。

4. 实验原理

影像测量是目前较为先进的精密高效的测量方法之一。VMS—3020H 自动影像测量仪工作原理是，置于工作台上的被测工件由表面光照明组 4 或底光（在花岗岩底座内）照亮后，经变倍镜头 5、彩色 CCD 摄影机（外罩 9 内）摄取影像，于视频卡，PC（个人计算机）再读取视频卡数据，并进行分析处理。工件放置在工作台上不动，通过向量控制伺服电机（由运动控制卡控制）驱动滚珠丝杆，滚珠丝杆再将丝杆的回转运动转变成工作台 3 的直线运动，工作台 3 带动光栅尺 11、13 分别在 X、Y 方向上移动。QMS3D 软件向运动控制卡、光源控制板发出命令，以完成读数、马达控制、光源控制等工作。

5. 实验步骤

（1）工件装夹。

按照工件的形状特点，选用合适的装夹工具，如压片、顶尖、支柱等。

（2）开机和系统回零。

首先，打开影像测量仪电源开关。其次，打开急停按钮，启动计算机。最后，打开影像测量软件。影像测量软件界面如图 8 -5 所示。

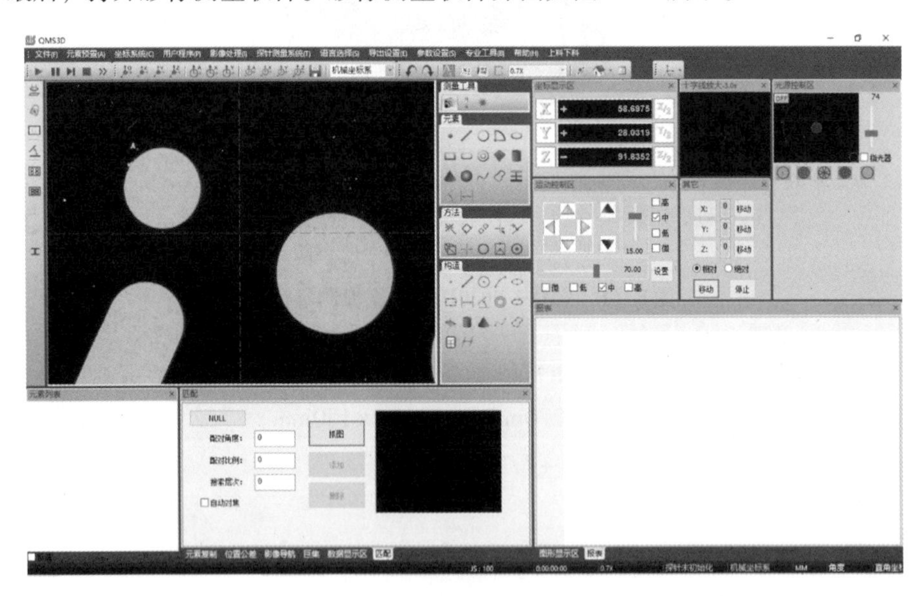

图 8 -5 影像测量软件界面①

① 资料来源：广东万濠精密仪器股份有限公司的《VMS—3020H 自动影像测量仪说明书》。

（3）像素校正。

像素校正又称标定（未标定的所有测量都是无意义的）。标定是对影像平面坐标计数单位（像素）对应的实际物面长度和宽度（又称当量长度或分辨率）的确定过程。因为不同放大倍率下，像素对应单长宽比例不同，所以每个放大倍率都需要像素校正。像素校正只需要在首次安装设备的时候做一次，数据就会存储在软件里面。使用过程中，当改变放大倍率时，软件会自动载入对应的校正数据。

（4）建立工件坐标系。

当进行工件测量时，选取合适的方法建立工件坐标系，以达到重复性好、精度高、建立便捷的目的。

（5）工件测量。

根据工件结构图和设计要求，利用测量的几何特征元素、构造元素和计算元素对工件进行测量。如图 8－6 所示，首先在测量工具元素工具栏中选取圆形，然后选择测量方法智能寻边，并选择测量参数，测量出圆的半径。

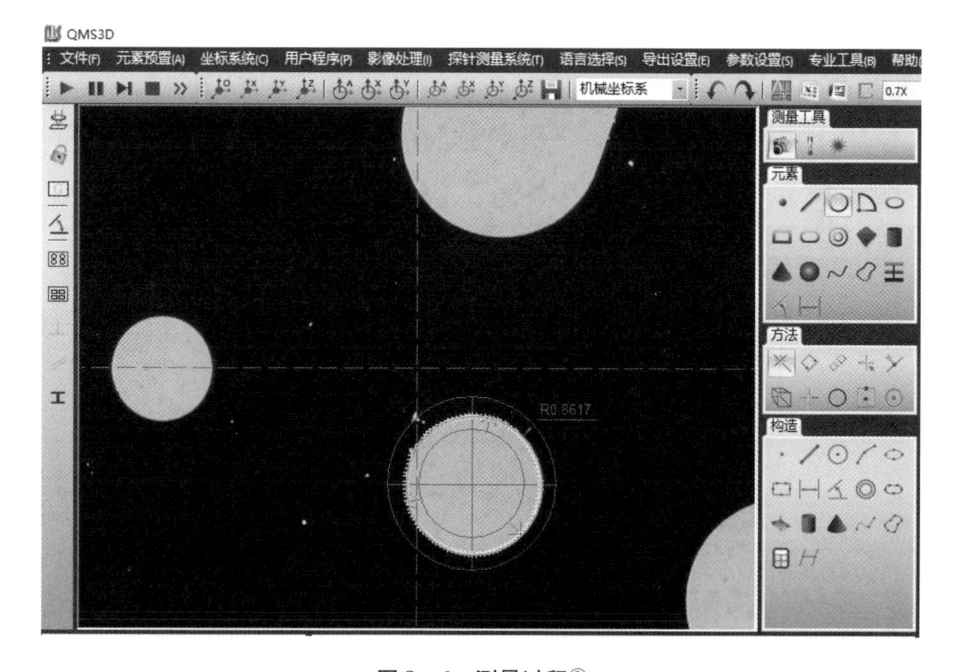

图 8－6　测量过程①

① 资料来源：广东万濠精密仪器股份有限公司的《VMS—3020H 自动影像测量仪说明书》。

（6）判断工件的合格性。

影像测量软件可以处理的几何公差项目包括位置度、平行度、垂直度、倾斜度、对称度、同心度、同轴度、圆跳动等，如图 8－7 所示。

图 8－7　几何公差项目①

6. 实验前自测题

（1）影像测量是指通过________工具来获得图像测量元素，属于________测量方式。

（2）影像测量仪由________、________、________和________组成。

7. 实验后思考题

影响影像测量精度的因素有哪些？

① 资料来源：广东万濠精密仪器股份有限公司的《VMS—3020H 自动影像测量仪说明书》。

参考文献

［1］刘宁，陈云，周杰．互换性与技术测量基础［M］．北京：国防工业出版社，2013.

［2］高丽，于涛，杨俊茹．互换性与测量技术基础［M］．北京：北京理工大学出版社，2018.

［3］王欅，王俊昌，王晓晶．互换性与测量技术［M］．成都：电子科技大学出版社，2016.

［4］徐红兵，王亚元，杨建风．几何量公差与检测实验指导书［M］.2 版．北京：化学工业出版社，2012.

［5］马德成．机械零件测量技术及实例［M］．北京：化学工业出版社，2013.

［6］马惠萍．互换性与测量技术基础案例教程［M］.2 版．北京：机械工业出版社，2019.

［7］葛为民，朱定见．互换性与测量技术实验指导［M］.3 版．大连：大连理工大学出版社，2019.

［8］胡瑢华．公差配合与测量［M］.3 版．北京：清华大学出版社，2017.

［9］卢志珍，闾维建．互换性与测量技术实验指导［M］．成都：电子科技大学出版社，2008.

附录Ⅰ　量具、量仪的维护和保养

技术测量工作是机器制造的“眼睛”，对保证产品质量起着积极的作用。而量具、量仪质量的好坏、精度保持的情况，直接影响其作用的发挥。量具、量仪质量由制造工厂保证，而量具、量仪精度的保持，则是使用者的责任。在使用时必须注意以下几点。

①使用量具、量仪前，要将手上的污垢清洗干净，保持量具、量仪外表面清洁和测量地点整齐、清洁。

②操作前，一定要了解量具、量仪的结构和性能，不得随意动手，以防损坏仪器。在实验室，要经教师同意后方可使用。

③操作要认真、细心，严格遵守量具、量仪操作规程。量具、量仪的操作手柄或手轮应轻轻转动，锁紧机构不宜用力过大，说话时不要用嘴对着仪器，不要随意用手去摸量具、量仪金属表面。

④量具、量仪使用过程中如发生故障，不得随意拆卸，必须按量具、量仪结构原理仔细检查或送专门单位检查修理。学生实验时发生故障，由教师处理。

⑤量具、量仪使用完毕后，一定要将手接触过的地方用棉花、纱布、汽油和绸布清洗干净（所用棉花、纱布、汽油和绸布，都要检查合格后才能使用），金属表面涂上防锈油，防止生锈。

清洗过程：先用棉花或纱布擦去表面脏物；用蘸上汽油的干净纱布擦洗表面，再用干净的绸布擦净表面的汽油挥发物；涂上防锈油；盖上防尘布；整理工作现场。

⑥量具、量仪必须按期保养并进行检定，以保证量值的准确。对修复的量具、量仪，必须经检查检定后，方可再使用。

附录Ⅱ　实验报告

实验 2.1　　　　**内径百分表测量孔径**

<table>
<tr><td rowspan="2">测量器具</td><td colspan="2">名　称</td><td colspan="2">分度值（mm）</td><td colspan="2">示值范围（mm）</td><td>测量范围（mm）</td></tr>
<tr><td colspan="2"></td><td colspan="2"></td><td colspan="2"></td><td></td></tr>
<tr><td rowspan="4">被测工件</td><td rowspan="2">名　称</td><td rowspan="2">公称尺寸（mm）</td><td rowspan="2">上偏差（mm）</td><td rowspan="2">下偏差（mm）</td><td colspan="3">量　块</td></tr>
<tr><td colspan="2">精度等级</td><td>组合量块尺寸（mm）</td></tr>
<tr><td rowspan="2"></td><td rowspan="2"></td><td rowspan="2"></td><td rowspan="2"></td><td colspan="2"></td><td></td></tr>
<tr><td colspan="2"></td><td></td></tr>
<tr><td>测量示意图</td><td colspan="4"></td><td>孔径公差带图</td><td colspan="2"></td></tr>
<tr><td>测量数据</td><td colspan="3">实际偏差（μm）</td><td colspan="4" rowspan="2">被测工件实际尺寸（mm）</td></tr>
<tr><td>截　面 / 方　向</td><td>Ⅰ—Ⅱ</td><td>Ⅱ—Ⅱ</td><td>Ⅲ—Ⅲ</td></tr>
<tr><td>A—A</td><td></td><td></td><td></td><td colspan="2">最小值</td><td colspan="2">最大值</td></tr>
<tr><td>B—B</td><td></td><td></td><td></td><td colspan="2"></td><td colspan="2"></td></tr>
<tr><td>是否合格及理由</td><td colspan="7"></td></tr>
</table>

实验人：　　　　　　　　　　　　实验时间：

实验 2.2　　投影立式光学计测量光滑极限量规

<table>
<tr><td rowspan="2">测量器具</td><td colspan="2">名　称</td><td colspan="2">分度值（μm）</td><td colspan="2">示值范围（μm）</td><td>测量范围（mm）</td></tr>
<tr><td colspan="2"></td><td colspan="2"></td><td colspan="2"></td><td></td></tr>
<tr><td rowspan="4">被测工件</td><td rowspan="2">名　称</td><td rowspan="2">公称尺寸（mm）</td><td rowspan="2">上偏差（mm）</td><td rowspan="2">下偏差（mm）</td><td colspan="3">量　块</td></tr>
<tr><td colspan="2" rowspan="2">精度等级</td><td rowspan="2">组合量块尺寸（mm）</td></tr>
<tr><td rowspan="2"></td><td rowspan="2"></td><td rowspan="2"></td><td rowspan="2"></td></tr>
<tr><td colspan="2"></td><td></td></tr>
<tr><td>测量示意图</td><td colspan="4">3 2 1
Ⅰ
Ⅱ Ⅱ
3 2 1
Ⅰ</td><td>通规公差带图</td><td colspan="2"></td></tr>
<tr><td colspan="2">测量数据</td><td colspan="3">实际偏差（μm）</td><td colspan="3" rowspan="2">被测工件实际尺寸（mm）</td></tr>
<tr><td colspan="2">截面
方向</td><td>1—1</td><td>2—2</td><td>3—3</td></tr>
<tr><td colspan="2">Ⅰ—Ⅰ</td><td></td><td></td><td></td><td colspan="2">最小值</td><td>最大值</td></tr>
<tr><td colspan="2">Ⅱ—Ⅱ</td><td></td><td></td><td></td><td colspan="2"></td><td></td></tr>
<tr><td colspan="2">安全裕度 A</td><td colspan="2"></td><td rowspan="2">理　由</td><td colspan="3" rowspan="2"></td></tr>
<tr><td colspan="2">合格性结论</td><td colspan="2"></td></tr>
</table>

实验人：　　　　　　　　　　　　实验时间：

实验 3.1　　光学合像水平仪测量直线度

测量器具	名　称		跨距 L	
	测量范围		分度值	
被测工件名称			直线度公差 t_{-}	

测量数据记录和处理　　取 $a=$　　格						
测点编号 i	0	1	2	3	4	5
顺测读数 b_i						
回测读数 b_i'						
平均值 b_i''						
简化读数 $a_i=b_i''-a$						
累计值 $\sum_{n=1}^{i} a_i$						

按最小包容区域法作图，并通过计算求出直线度误差 f_{-}

图中 $f_i'=$

直线度误差 f_{-}		$f_{-}=iLf_i'=$　　（μm）
是否合格及理由		

实验人：　　　　　　实验时间：

实验 3.2　　　　　　　　　自准直仪测量导轨直线度

<table>
<tr><td rowspan="2">测量器具</td><td>名　称</td><td></td><td colspan="2">测量距离</td><td colspan="2"></td></tr>
<tr><td>示值范围</td><td></td><td colspan="2">分度值</td><td colspan="2"></td></tr>
<tr><td colspan="2">被测工件名称</td><td></td><td colspan="2">直线度公差 t_-</td><td colspan="2"></td></tr>
<tr><td colspan="2">测点编号 i</td><td>0</td><td>1</td><td>2</td><td>…</td><td>n</td></tr>
<tr><td colspan="2">顺测读数 b_i</td><td></td><td></td><td></td><td></td><td></td></tr>
<tr><td colspan="2">回测读数 b_i'</td><td></td><td></td><td></td><td></td><td></td></tr>
<tr><td colspan="2">平均值 b_i''</td><td></td><td></td><td></td><td></td><td></td></tr>
<tr><td colspan="2">相对测点 1 的读数</td><td></td><td></td><td></td><td></td><td></td></tr>
<tr><td colspan="2">累计值</td><td></td><td></td><td></td><td></td><td></td></tr>
<tr><td colspan="7">按最小包容区域法作图，并通过计算求出直线度误差 f_-</td></tr>
<tr><td colspan="2">直线度误差 f_-</td><td></td><td colspan="2">是否合格及理由</td><td colspan="2"></td></tr>
</table>

实验人：　　　　　　　　　　　　　实验时间：

实验 3.3　　　　平面度误差测量

<table>
<tr><td>测量器具名称</td><td></td><td>分度值</td><td></td></tr>
<tr><td>被测工件名称</td><td></td><td>平面度公差（μm）</td><td></td></tr>
<tr><td>基准平面规格与级别</td><td colspan="3"></td></tr>
<tr><td colspan="4">测量记录与数据处理</td></tr>
<tr><td colspan="4">平面度误差 f_{MZ} =　　　（μm）</td></tr>
<tr><td>合格性判断</td><td colspan="3"></td></tr>
</table>

实验人：　　　　　　　　　　　　　实验时间：

实验 3.4 **圆度误差测量**

测量器具名称		分度值	
被测工件名称		圆度公差	

测点（°）	30	60	90	120	150	180	210	240	270	300	330	360
读数（μm）												

测量记录曲线

圆度误差 f_{MZ}		合格性判断	

实验人：　　　　　　　　实验时间：

实验 3.5　　　　圆跳动误差测量

<table>
<tr><td>测量器具
名称</td><td></td><td>指示表分度值
（mm）</td><td></td></tr>
<tr><td rowspan="2">被测工件</td><td>名称</td><td>径向圆跳动公差（mm）</td><td>端面圆跳动公差（mm）</td></tr>
<tr><td></td><td></td><td></td></tr>
<tr><td colspan="4">测量示意图

</td></tr>
</table>

<table>
<tr><td rowspan="5">测量数据记录和处理</td><td colspan="4">径向圆跳动（mm）</td><td colspan="4">端面圆跳动（mm）</td></tr>
<tr><td>测　位</td><td>最大
读数</td><td>最小
读数</td><td>误差值</td><td>测　位</td><td>最大
读数</td><td>最小
读数</td><td>误差值</td></tr>
<tr><td>1—1</td><td></td><td></td><td></td><td>1—1</td><td></td><td></td><td></td></tr>
<tr><td>2—2</td><td></td><td></td><td></td><td>2—2</td><td></td><td></td><td></td></tr>
<tr><td>测量结果</td><td colspan="3"></td><td colspan="2">测量结果</td><td colspan="2"></td></tr>
</table>

<table>
<tr><td rowspan="2">是否合格
及理由</td><td>径向圆跳动误差</td><td></td></tr>
<tr><td>端面圆跳动误差</td><td></td></tr>
</table>

实验人：　　　　　　　　　　　实验时间：

实验 4.1　　　　光切显微镜测量表面粗糙度

<table>
<tr><td rowspan="2">测量器具</td><td>名　称</td><td>测量范围（μm）</td><td>物镜放大倍数</td><td>鼓轮分度值（μm）</td></tr>
<tr><td></td><td></td><td></td><td></td></tr>
<tr><td rowspan="2">被测工件</td><td colspan="2">名称</td><td colspan="2">R_z的允许值（μm）</td></tr>
<tr><td colspan="2"></td><td colspan="2"></td></tr>
<tr><td>仪器编号</td><td colspan="4"></td></tr>
</table>

<table>
<tr><td colspan="2">测量序号 / 测量读数 / 测量位置</td><td>1</td><td>2</td><td>3</td><td>4</td><td>5</td><td>$\sum_{i=1}^{5}$</td><td>$R_z = \dfrac{\left|\sum_{i=1}^{5} h_{峰} - \sum_{i=1}^{5} h_{谷}\right|}{5} \times c$</td></tr>
<tr><td rowspan="2">Ⅰ</td><td>$h_{峰}$</td><td></td><td></td><td></td><td></td><td></td><td></td><td rowspan="2"></td></tr>
<tr><td>$h_{谷}$</td><td></td><td></td><td></td><td></td><td></td><td></td></tr>
<tr><td rowspan="2">Ⅱ</td><td>$h_{峰}$</td><td></td><td></td><td></td><td></td><td></td><td></td><td rowspan="2"></td></tr>
<tr><td>$h_{谷}$</td><td></td><td></td><td></td><td></td><td></td><td></td></tr>
<tr><td colspan="9">测量结果：$R_z = \dfrac{R_{z1} + R_{z2}}{2} =$ 　　　　（μm）</td></tr>
<tr><td colspan="2">是否合格及理由</td><td colspan="7"></td></tr>
</table>

实验人：　　　　　　　　　　　　实验时间：

实验 4.2　　表面粗糙度仪测量表面粗糙度

<table>
<tr><td rowspan="2">测量器具</td><td>名称与型号</td><td colspan="2">测量方式</td><td>量程范围</td></tr>
<tr><td></td><td colspan="2"></td><td></td></tr>
<tr><td rowspan="2">被测工件</td><td colspan="3">名称</td><td>R_a的允许值（μm）</td></tr>
<tr><td colspan="3"></td><td></td></tr>
<tr><td colspan="5">测量数据记录</td></tr>
<tr><td>测量序号</td><td>测量数据</td><td>平均值</td><td colspan="2">合格性判断</td></tr>
<tr><td>1</td><td></td><td rowspan="5"></td><td colspan="2" rowspan="5"></td></tr>
<tr><td>2</td><td></td></tr>
<tr><td>3</td><td></td></tr>
<tr><td>4</td><td></td></tr>
<tr><td>5</td><td></td></tr>
<tr><td colspan="5">记录图形及其数据</td></tr>
</table>

实验人：　　　　　　　　　　实验时间：

实验 5.1　　　　　　正弦规测量外圆锥角

<table>
<tr><td rowspan="3">测量器具</td><td>正弦规型号</td><td></td><td>两圆柱中心距</td><td></td></tr>
<tr><td>指示表测量范围</td><td></td><td>分度值</td><td></td></tr>
<tr><td>量块等级</td><td></td><td>量块组合尺寸</td><td></td></tr>
</table>

<table>
<tr><td rowspan="2">被测工件</td><td>名　称</td><td>公称锥角</td><td>锥角公差</td></tr>
<tr><td></td><td></td><td></td></tr>
<tr><td colspan="4">记录图形及其数据</td></tr>
</table>

<table>
<tr><td colspan="3">测量数据记录</td></tr>
<tr><td>测量位置</td><td>a</td><td>b</td></tr>
<tr><td>第一次读数</td><td></td><td></td></tr>
<tr><td>第二次读数</td><td></td><td></td></tr>
<tr><td>第三次读数</td><td></td><td></td></tr>
<tr><td>平均值</td><td></td><td></td></tr>
<tr><td>a、b 两点高度差 n</td><td colspan="2"></td></tr>
<tr><td>a、b 两点距离
l（mm）</td><td colspan="2"></td></tr>
<tr><td>$\Delta\alpha$</td><td colspan="2"></td></tr>
<tr><td>合格性判断</td><td colspan="2"></td></tr>
</table>

实验人：　　　　　　　　　　　　实验时间：

实验 5.2　　万能角度尺测量角度

<table>
<tr><td>测量器具</td><td></td><td>测量范围</td><td></td><td>分度值</td><td></td></tr>
<tr><td colspan="3">被测工件名称</td><td colspan="3"></td></tr>
<tr><td colspan="6">被测工件草图</td></tr>
<tr><td colspan="6">测量数据记录</td></tr>
<tr><td>被测角代号</td><td>被测角公差</td><td colspan="2">测量值</td><td colspan="2">合格性判断</td></tr>
<tr><td>α_1</td><td></td><td colspan="2"></td><td colspan="2"></td></tr>
<tr><td>α_2</td><td></td><td colspan="2"></td><td colspan="2"></td></tr>
<tr><td>α_3</td><td></td><td colspan="2"></td><td colspan="2"></td></tr>
<tr><td>α_4</td><td></td><td colspan="2"></td><td colspan="2"></td></tr>
<tr><td>α_5</td><td></td><td colspan="2"></td><td colspan="2"></td></tr>
</table>

实验人：　　　　　　　　　　　实验时间：

实验 6.1　　　　螺纹千分尺测量外螺纹参数

测量器具	名　称	测量范围	分度值
被测工件	名　称	最大极限尺寸	最小极限尺寸

测量示意图

测量数据	测量位置	截面Ⅰ—Ⅰ	截面Ⅱ—Ⅱ	合格性判断
	第一次读数			
	第二次读数			
	平均值			

实验人：　　　　　　　　实验时间：

实验 6.2　　　　三针法测量外螺纹参数

<table>
<tr><td rowspan="2">测量器具</td><td>名称</td><td>测量范围</td><td>示值范围</td><td>分度值</td><td>实际选用中径</td></tr>
<tr><td></td><td></td><td></td><td></td><td></td></tr>
<tr><td colspan="2" rowspan="2">被测工件</td><td>螺纹标注</td><td>中径尺寸</td><td>极限尺寸</td><td>最佳量针直径</td></tr>
<tr><td></td><td></td><td></td><td></td></tr>
<tr><td colspan="6">测量草图</td></tr>
<tr><td colspan="3">最佳量针直径计算公式</td><td colspan="3">实际中径 d_2 与测量值 M 的关系</td></tr>
<tr><td colspan="2" rowspan="6">测量数据</td><td>测量位置</td><td>M_1</td><td>M_2</td><td>合格性判断</td></tr>
<tr><td>第一次读数</td><td></td><td></td><td rowspan="5"></td></tr>
<tr><td>第二次读数</td><td></td><td></td></tr>
<tr><td>平均值</td><td></td><td></td></tr>
<tr><td>实际中径</td><td></td><td></td></tr>
</table>

实验人：　　　　　　　　　　实验时间：

实验 6.3　　　　大型工具显微镜测外螺纹参数

<table>
<tr><td rowspan="2">测量器具</td><td>名称</td><td>长度分度值</td><td>角度分度值</td></tr>
<tr><td></td><td></td><td></td></tr>
<tr><td rowspan="2">被测螺纹</td><td>螺纹标注</td><td>最大极限尺寸</td><td>最小极限尺寸</td></tr>
<tr><td></td><td></td><td></td></tr>
<tr><td colspan="4">螺纹中径测量示意图</td></tr>
</table>

<table>
<tr><td rowspan="3">测量记录</td><td>序号</td><td>左边螺纹中径</td><td>右边螺纹中径</td><td>平均值</td></tr>
<tr><td>1</td><td></td><td></td><td></td></tr>
<tr><td>2</td><td></td><td></td><td></td></tr>
<tr><td colspan="3">螺纹中径实测值</td><td colspan="2"></td></tr>
<tr><td colspan="5">牙型半角测量示意图</td></tr>
</table>

<table>
<tr><td rowspan="5">测量记录</td><td>测量次数</td><td>左侧牙型半角</td><td>右侧牙型半角</td></tr>
<tr><td>第一次读数</td><td></td><td></td></tr>
<tr><td>第二次读数</td><td></td><td></td></tr>
<tr><td>平均值</td><td></td><td></td></tr>
<tr><td>半角偏差</td><td></td><td></td></tr>
</table>

续　表

<table>
<tr><td colspan="4">牙型半角误差中径补偿当量 $f_{\frac{\alpha}{2}}$</td><td colspan="4"></td></tr>
<tr><td colspan="8">螺距测量示意图</td></tr>
<tr><td colspan="8">测量数据记录</td></tr>
<tr><td>牙序</td><td colspan="2">左</td><td colspan="2">右</td><td>单个螺距</td><td>单个螺距误差</td><td>螺距累积偏差（μm）</td></tr>
<tr><td>1</td><td></td><td></td><td></td><td></td><td></td><td></td><td></td></tr>
<tr><td>2</td><td></td><td></td><td></td><td></td><td></td><td></td><td></td></tr>
<tr><td>3</td><td></td><td></td><td></td><td></td><td></td><td></td><td></td></tr>
<tr><td>4</td><td></td><td></td><td></td><td></td><td></td><td></td><td></td></tr>
<tr><td>5</td><td></td><td></td><td></td><td></td><td></td><td></td><td></td></tr>
<tr><td>6</td><td></td><td></td><td></td><td></td><td></td><td></td><td></td></tr>
<tr><td>7</td><td></td><td></td><td></td><td></td><td></td><td></td><td></td></tr>
<tr><td>8</td><td></td><td></td><td></td><td></td><td></td><td></td><td></td></tr>
<tr><td>9</td><td></td><td></td><td></td><td></td><td></td><td></td><td></td></tr>
<tr><td>10</td><td></td><td></td><td></td><td></td><td></td><td></td><td></td></tr>
<tr><td colspan="8">测得螺距累积偏差 ΔP_n =　　　（μm）</td></tr>
<tr><td colspan="8">螺距误差中径补偿当量 f_p =　　　（μm）</td></tr>
<tr><td colspan="8">螺纹实际中径 d_{2s} =　　　（μm）</td></tr>
<tr><td colspan="8">判断螺纹合格性</td></tr>
</table>

实验人：　　　　　　　　　　实验时间：

实验 7.1　　　　　　齿轮径向跳动测量

<table>
<tr><td rowspan="2">测量器具</td><td colspan="2">名　称</td><td colspan="3">分　度　值（μm）</td><td colspan="2">测 量 范 围（μm）</td></tr>
<tr><td colspan="2"></td><td colspan="3"></td><td colspan="2"></td></tr>
<tr><td rowspan="2">被测齿轮</td><td>模 数 m</td><td>齿 数 z</td><td>压力角 α</td><td colspan="2">齿轮公差标注</td><td colspan="2">齿轮径向跳动公差 F_r（μm）</td></tr>
<tr><td></td><td></td><td></td><td colspan="2"></td><td colspan="2"></td></tr>
<tr><td>齿序</td><td>读 数（μm）</td><td>齿序</td><td>读 数（μm）</td><td>齿序</td><td>读 数（μm）</td><td>齿序</td><td>读 数（μm）</td></tr>
<tr><td>1</td><td></td><td>11</td><td></td><td>21</td><td></td><td>31</td><td></td></tr>
<tr><td>2</td><td></td><td>12</td><td></td><td>22</td><td></td><td>32</td><td></td></tr>
<tr><td>3</td><td></td><td>13</td><td></td><td>23</td><td></td><td>33</td><td></td></tr>
<tr><td>4</td><td></td><td>14</td><td></td><td>24</td><td></td><td>34</td><td></td></tr>
<tr><td>5</td><td></td><td>15</td><td></td><td>25</td><td></td><td>35</td><td></td></tr>
<tr><td>6</td><td></td><td>16</td><td></td><td>26</td><td></td><td>36</td><td></td></tr>
<tr><td>7</td><td></td><td>17</td><td></td><td>27</td><td></td><td>37</td><td></td></tr>
<tr><td>8</td><td></td><td>18</td><td></td><td>28</td><td></td><td>38</td><td></td></tr>
<tr><td>9</td><td></td><td>19</td><td></td><td>29</td><td></td><td>39</td><td></td></tr>
<tr><td>10</td><td></td><td>20</td><td></td><td>30</td><td></td><td>40</td><td></td></tr>
<tr><td rowspan="2">测量结果</td><td colspan="3">齿轮径向跳动 ΔF_r（μm）</td><td colspan="4">是否合格及理由</td></tr>
<tr><td colspan="3"></td><td colspan="4"></td></tr>
</table>

实验人：　　　　　　　　　　实验时间：

实验 7.2　　齿轮公法线长度变动量和公法线长度偏差测量

测量器具	名　称	分　度　值（mm）	测 量 范 围（mm）

被测齿轮	件　号	模 数 m	齿 数 z	压力角 α	齿轮公差标注

公法线长度公称值 W_k（mm）计算或查表	公法线长度变动公差 F_w（mm）
$W_k = m\,[1.476\,(2n-1)+0.014z] =$	

公法线长度测量数据记录（mm）

齿序	实际长度	齿序	实际长度	齿序	实际长度	齿序	实际长度
1		10		19		28	
2		11		20		29	
3		12		21		30	
4		13		22		31	
5		14		23		32	
6		15		24		33	
7		16		25		34	
8		17		26		35	
9		18		27		36	

公法线长度变动量 $\Delta F_w =$　　　　公法线长度偏差 $\Delta E_{bn} =$

是否合格及理由	

实验人：　　　　　　实验时间：

实验 7.3　　　　　　　　齿轮分度圆齿厚偏差测量

<table>
<tr><td rowspan="2">测量器具</td><td colspan="2">名　称</td><td colspan="2">分 度 值（mm）</td><td colspan="2">测 量 范 围（mm）</td></tr>
<tr><td colspan="2"></td><td colspan="2"></td><td colspan="2"></td></tr>
<tr><td rowspan="6">被测齿轮</td><td>件　号</td><td>模 数 m</td><td colspan="2">齿 数 z</td><td>压力角 α</td><td>齿轮公差标注</td></tr>
<tr><td></td><td></td><td colspan="2"></td><td></td><td></td></tr>
<tr><td colspan="3">E_{sns} =　　　（mm）</td><td colspan="3">E_{sni} =　　　（mm）</td></tr>
<tr><td colspan="3"></td><td colspan="3"></td></tr>
<tr><td colspan="6">分度圆弦齿高 $h'_c = m\left[1+\frac{z}{2}\left(1-\cos\frac{90^\circ}{z}\right)\right]+\frac{1}{2}(d'_a-d_a) =$</td></tr>
<tr><td colspan="6">分度圆公称弦齿厚 $s_{nc} = mz\sin\frac{90^\circ}{z} =$</td></tr>
<tr><td colspan="7">测量结果（mm）</td></tr>
<tr><td colspan="2">序号（120°均布）</td><td colspan="2">120°</td><td colspan="2">240°</td><td>360°</td></tr>
<tr><td colspan="2">齿厚实际值</td><td colspan="2"></td><td colspan="2"></td><td></td></tr>
<tr><td colspan="2">齿厚偏差 ΔE_{sn}</td><td colspan="2"></td><td colspan="2"></td><td></td></tr>
<tr><td colspan="2">是否合格及理由</td><td colspan="5"></td></tr>
</table>

实验人：　　　　　　　　实验时间：

实验 7.4　　　　　　　　齿轮双面啮合综合测量

<table>
<tr><td rowspan="2">测量器具</td><td colspan="2">名　称</td><td>分度值（mm）</td><td>测量范围（mm）</td><td colspan="2">测量齿轮精度等级</td></tr>
<tr><td colspan="2"></td><td></td><td></td><td colspan="2"></td></tr>
<tr><td rowspan="3">被测齿轮</td><td>件号</td><td>模 数 m</td><td>齿 数 z</td><td>压力角 α</td><td colspan="2">齿轮公差标注</td></tr>
<tr><td></td><td></td><td></td><td></td><td colspan="2"></td></tr>
<tr><td colspan="3">径向综合公差 F_i'' =　　　（μm）</td><td colspan="3">一齿径向综合公差 f_i'' =　　　（μm）</td></tr>
<tr><td rowspan="3">测量结果</td><td colspan="3">转一周指示表读数</td><td colspan="3">转一齿指示表读数</td></tr>
<tr><td>最大值</td><td>最小值</td><td>$\Delta F_i''$</td><td>最大值</td><td>最小值</td><td>$\Delta f_i''$</td></tr>
<tr><td></td><td></td><td></td><td></td><td></td><td></td></tr>
<tr><td>是否合格及理由</td><td colspan="6"></td></tr>
</table>

实验人：　　　　　　　　　　实验时间：

实验 8.1　　　　　　　　三坐标测量机测量箱体

<table>
<tr><td rowspan="2">测量器具</td><td colspan="2">名称与型号</td><td colspan="2">测量方式</td></tr>
<tr><td colspan="2"></td><td colspan="2"></td></tr>
<tr><td rowspan="2">被测工件</td><td colspan="2">名　称</td><td colspan="2">测量元素</td></tr>
<tr><td colspan="2"></td><td colspan="2"></td></tr>
<tr><td colspan="5">测量数据记录</td></tr>
<tr><td>测量序号</td><td colspan="2">单个测量元素</td><td>测量数据</td><td>合格性判断</td></tr>
<tr><td>1</td><td colspan="2"></td><td></td><td></td></tr>
<tr><td>2</td><td colspan="2"></td><td></td><td></td></tr>
<tr><td>3</td><td colspan="2"></td><td></td><td></td></tr>
<tr><td>4</td><td colspan="2"></td><td></td><td></td></tr>
<tr><td>…</td><td colspan="2"></td><td></td><td></td></tr>
<tr><td colspan="5">记录图形及其数据</td></tr>
</table>

实验人：　　　　　　　　　　　实验时间：

实验 8.2 **影像测量仪测量**

<table>
<tr><td rowspan="2">测量器具</td><td>名称与型号</td><td colspan="2">测量方式</td></tr>
<tr><td></td><td colspan="2"></td></tr>
<tr><td rowspan="2">被测工件</td><td>名　称</td><td colspan="2">测量元素</td></tr>
<tr><td></td><td colspan="2"></td></tr>
<tr><td colspan="4">测量数据记录</td></tr>
</table>

测量序号	单个测量元素	测量数据	合格性判断
1			
2			
3			
4			
…			

记录图形及其数据

实验人：　　　　　　　　实验时间：